深入猫心

猫科医生的
猫友好攻略

罗倩怡 / 主编

化学工业出版社

· 北 京 ·

内容简介

本书介绍了如何在动物医院及家庭环境中营造对猫“友好”的氛围，尊重猫的天性，深入猫心，想猫之所想，供猫之所需。从了解猫的天性与需求开始，理解猫的行为，学会站在猫的角度去思考，学会更好地爱它们。本书围绕“猫就诊”，系统介绍如何进行“猫友好”操作、建立猫友好医院、开展合作型护理，还涉及兽医与宠物主人间的“医患关系”的处理，亦介绍了猫的家庭护理以及猫不同生命阶段的需求，包含了不同场景如何营造“猫友好”。

本书图文并茂，兼具科学性和实用性，可供猫科医生、宠物主人、兽医专业师生参阅。

图书在版编目（CIP）数据

深入猫心 ： 猫科医生的猫友好攻略 / 罗倩怡主编. 北京 ： 化学工业出版社，2025. 9 (2026. 4重印). -- ISBN 978-7-122-48651-6

Ⅰ. S858.293

中国国家版本馆CIP数据核字第2025QM3696号

责任编辑：曹家鸿　邵桂林
责任校对：杜杏然
装帧设计：史利平

出版发行：化学工业出版社
（北京市东城区青年湖南街13号　邮政编码100011）
印　　装：盛大（天津）印刷有限公司
880mm×1230mm　1/32　印张6　字数263千字
2026年4月北京第1版第2次印刷

购书咨询：010-64518888　　售后服务：010-64518899
网　　址：http://www.cip.com.cn
凡购买本书，如有缺损质量问题，本社销售中心负责调换。

定　　价：59.80元

编写人员名单

主　　编　罗倩怡

参编人员　冯琦璞　张莉　朱国

前言

懂喵言喵语，看猫病猫痛。我的猫兄弟陪我长大，而我陪它终老。拥有神仙颜值、唇红齿白蓝眼、长毛雪白的它，出现在我生命中的那一刻，就注定会改变我一生的轨迹。你塑造了一个 Cat Person，我成了一名猫科医生。朝夕相处的时光，我们经历的点点滴滴，不知不觉中你教会了我读懂你的表情，读懂你的动作，看懂你的心思。每个与你共舞的时刻，每个与你共眠的晚上，犹如昨日，仍能感受到你的气息、你的味道，温暖而安心。

“懂猫”是猫科医生重要的基本素质，也是猫科诊疗的基石，然而却并非易事，缺乏与猫共同生活的经历和对猫天性的了解，人类确实难以理解猫的行为也不懂它们需求，这又何以谈得上真正“爱猫”。尊重猫的天性，深入猫心，站在猫的角度，想猫之所想，供猫之所需，共建人猫和谐生活。人类选择与猫一起生活，选择喜爱它们，但人与猫本身是两个有着巨大差异的物种，生活中肯定会有矛盾，人可以作出让步，但同样需要引导猫适应人类的生活，教育猫主动配合一些操作，让人和猫的生活都变得更简单。

猫科医疗的发展可谓日新月异，但始终离不开“猫友好”基石。正如身心健康才是真的健康，对猫来说也是一样的，压力可能会带来疾病，如何全方位地减少猫所面对的压力，营造对猫友好的氛围，正是猫科医疗以及养猫人士的必修课题，亦是撰写本书的目的。现今不乏猫科疾病的资料，但对于猫科医疗及家庭环境的“猫友好”资料却非常分散，不成系统，尤其缺乏面向临床兽医师的猫友好书籍。本书旨在为临床兽医师以及宠物主人提供有关猫友好的最新信息和实用技能，掌握正确的“待猫之道”，期望在大家共同的努力下保障猫的健康与福利。

路漫漫其修远兮，吾将上下而求索。在人生与职业的道路上，不乏贵人相助，感谢林政毅老师的教导与点拨，感谢各位老师、朋友在临床工作中的一路同行。本书的编撰有幸得到了挚友冯琦璞博士、朱国博士以及张莉医生的鼎力支持，帮助我完成了一直以来的心愿——将“猫友好”呈现给大家。感谢帮忙画插图的曹十七，感谢提供精美图片的朋友们：宾永菲、刘昕妍、李梓晴、小玉妈、铲屎官 A.m、林埂伋。最后，由衷感谢一直在身后默默支持我的家人们及朋友们，让我可以奋不顾身地在猫科医疗事业上毅然前进。

由于水平有限，书中如有错漏，恳请同行专家及各位读者朋友予以批评指正。

罗倩怡

2025 年 6 月

目录

第一章 猫友好的理念与现状 001

第一节 猫科医疗的发展趋势 · 002

第二节 猫科医疗面对的挑战与机遇 · 003

第三节 猫友好理念 · 006

一、什么是猫友好 · 006

二、猫友好医院 · 007

第四节 猫友好发展史 · 009

一、国际爱猫组织的发展历史 · 009

二、美国猫科医生协会的发展历史 · 011

三、“猫友好项目”的发展历史 · 012

四、CFP 和 CFC 项目 · 014

第五节 猫友好医院的团队意识 · 021

一、猫友好团队共识 · 021

二、正确地接触猫 · 022

三、猫友好临床知识和技能培训 · 022

四、充分理解宠主 · 022

五、与宠主的沟通 · 023

第二章 猫是什么“喵”？ 026

第一节 猫的起源 • 027

一、猫的祖先 • 027

二、猫的驯化 • 027

三、猫品种的演变 • 028

第二节 猫的特性 • 030

一、具有捕猎天性 • 030

二、肉食性及进食习惯 • 030

三、领地意识强 • 032

四、独立性强 • 033

五、警惕性 • 033

六、感官敏锐 • 034

七、灵活敏捷 • 035

八、情绪化 • 035

九、适应力强 • 035

十、受早期生活经历影响较大 • 036

第三节 猫的社交结构 • 037

第四节 猫面对压力时的行为表现 • 038

第五节 猫的问题行为 • 041

一、标记行为 • 041

二、抓挠家具 • 042

三、夜间大叫 • 043

四、捕食猎物 • 044

五、伏击主人 • 044

六、不恰当游戏 • 046

七、猫之间攻击及霸凌 • 047

八、攀爬跳跃 • 049

第三章 猫友好的就诊经历 051
第一节 就诊给猫及宠主带来的压力 · 052
第二节 预约就诊 · 053
一、了解猫的就诊目的 · 054
二、初步了解猫的情况 · 054
三、给予宠主意见和建议 · 054
四、进行客户教育 · 056
五、预约时间与预分诊 · 063
第三节 重视医患沟通 · 065
一、医患关系处理 · 065
二、充分了解宠主 · 066
三、与宠主沟通的技巧 · 067

第四章 猫友好医院的建设及猫友好工作流程 077
第一节 打造医院猫友好氛围 · 078
一、持续关注猫的情绪状态 · 078
二、猫友好团队的建设 · 088
三、猫友好环境的建设原则 · 089
第二节 建立猫友好前台与候诊区 · 092
一、前台与候诊区的布局设计 · 092
二、工作注意事项 · 094
第三节 建立猫友好诊室 · 095
一、诊室的布局设计 · 095
二、诊室的常用设备 · 098
三、诊室的工作流程 · 098

第四节　建立猫友好住院部 • 114
一、住院部的布局设计 • 114
二、住院部的工作流程 • 121

第五章　猫友好家庭护理　130
第一节　猫的环境需求与精神需求 • 131
一、家庭环境的特征 • 131
二、满足猫的行为需求 • 131
三、保证适当的社交互动 • 134
四、猫友好环境五大支柱 • 134
第二节　猫的营养需求 • 143
一、如何选择食物 • 144
二、如何饲喂 • 147
三、能量需求 • 148
第三节　猫的家庭医疗护理 • 149
一、猫的合作型护理 • 149
二、让猫适应体格检查 • 150
三、让猫适应基本保定体位 • 156
四、让猫适应家庭医疗护理操作 • 156

第六章　猫不同生命阶段的需求与猫友好护理　159
第一节　猫不同的生命阶段 • 160
第二节　猫各生命阶段的不同需求及猫友好护理要点 • 162
一、幼年猫 • 162

二、青年猫和成年猫 • 166

三、老年猫 • 166

参考文献 180

第一章

猫友好的理念与现状

第一节　猫科医疗的发展趋势

据《2025 年中国宠物行业白皮书（消费报告）》报道，2024 年我国城镇犬猫消费市场规模超过 3002 亿元，较 2023 年增长 7.5%，猫消费市场规模同比增长 10.7%。尽管市场规模持续增长，中国宠物医疗服务行业仍处于发展萌芽期，并且存在着一些问题；然而随着国家一系列政策的相继出台，宠物医疗行业也将迎来进一步健康规范发展。相较于犬，猫具有更高的自主性和更低的护理成本。根据《2024 年中国猫科诊疗报告》介绍，在养猫人群中约 55.3% 是 20 ～ 30 岁年轻人、80.9% 为女性、61% 未婚、51.9% 拥有本科以上学历。这项调查结果反映出如今大多数生活在城市中、年轻、未婚且具备较高学历的人更倾向于选择猫作为宠物。他们想更多地与猫共度时光，并对宠物消费品有着专业化要求。至今，中国城市家庭中饲养的宠物猫数量已超过 6500 万只，远超过 5100 万只饲养的宠物犬数量。随着饲养量和宠主对动物医疗需求的上升，未来猫科医疗市场发展空间巨大。

伴随着猫的饲养量的剧增以及猫科医疗市场的快速发展，中国宠物医院的数量也在不断扩增，现已超过 2.8 万家，主要集中在一、二线城市。随着宠物市场的不断扩大和人们对宠物健康的关注度增加，中国的宠物医院将更加专业化和细分化。为了适应猫科医疗的发展，一方面已建成的宠物医院中越来越多地开设了猫病专科，另一方面逐步开始新建或改建用于仅接诊猫的猫专科医院。

宠物医院逐渐专业化和精细化，对兽医师的要求也越来越高。现阶段，中国的猫专科兽医师数量相对较少，大部分兽医师在猫病诊断和治疗的临床实践技能不足，兽医师还需要接受额外的培训和教育。面对中国猫专科兽医师数量短缺以及临床实践技能不足的现状，加强兽医师的专业培训和教育显得尤为重要。这不仅关系到猫的健康和福利，也是提升宠物医疗服务质量、满足宠主需求的关键。通过建立涵盖猫科医学的基础知识、最新研究成果、临床诊疗技能等系统化的培训课程，确保兽医师能够全面提升专业能力。为兽医师提供充足的实践和实习机会，让兽医师在实际工作中学习和应用新知识、新技能，加深理解和掌握。鼓励兽医师参与继续教育和终身学习，通过参加研讨会、学术会议、在线课程等方式，不断更新知识和技能。加强与国际兽医组织的交流与合作，引进国外先进的医疗技术和管理经验，提升国内兽医师的国际视野和专业水平。通过专业培训，兽医师能够掌握更先进的诊断和治疗技术，提高医疗服务的质量和效率。专业且技能娴熟的兽医师更能获得宠主的信任，并建立良好的医患关系。随着兽医师专业水平的提升，可以推动整个宠物医疗行业的发展，提高行业标准。

第二节 猫科医疗面对的挑战与机遇

长久以来，出于本能行为以及受进化过程中的生存策略影响，猫常常隐藏它们的不适，对猫来说表现出疼痛或疾病的迹象可能会使它们成为掠食者的目标或被群体抛弃。虽然家养猫不会受到这些威胁，但这种本能依然存在，猫可能会将其他宠物和家庭成员视为资源的竞争者，促使它们掩盖自己的症状以避免表现出脆弱。

猫感受到疼痛或患病时更倾向于隐藏自己的症状，因此要识别症状是具有挑战性的。进行临床诊断时需要兽医师留意猫的细微行为变化，同时也需要兽医师与宠主进行详细的交流和沟通，询问猫是否存在食欲下降、理毛习惯改变、活动减少、行为改变（产生攻击性或畏缩）、发声异常、姿势或步态改变、躺下后站立困难或嗜睡等症状。这些改变常常是细微或比较隐蔽的，不易被识别或判断，会让兽医师产生误判或延误治疗，甚至会影响疗效或预后。临床中更常见的情况是宠主容易忽视猫的行为或身体状况的变化，只有等到猫的情况变得严重时才会带猫来就诊，在被问诊时往往会回复道“不知道怎么了，突然就这样了”，兽医师需要进行全面的检查，才能确定猫疼痛或疾病的潜在原因，这往往会增加临床诊断的时长和难度，延误治疗，甚至影响疗效或预后。

在没有完全确定疼痛或疾病原因前进行的治疗，往往只是对症治疗，并未针对原始病灶进行治疗，宠主感觉没有明显好转时往往会更加焦虑，宠主对兽医师的信任度降低，随之而来的是宠主依从性变差，依从性变差又会影响兽医师用药、复查和预防性保健的策略。这不仅会影响患病动物的治疗效果，也会使兽医师失去潜在的客户，甚至影响诊所或医院的发展。

阻碍临床兽医师正确诊疗的因素包括猫的行为问题和压力管理。行为问题是猫科医学和临床中的主要挑战之一，常见的行为问题包括不当排尿、攻击、破坏、强迫、恐惧和焦虑、亢进、过度玩耍、掠夺及分离焦虑等。发现并解决这些行为问题通常需要结合医学、环境、行为因素进行多方位的诊断和干预，某些情况下还需要结合药物治疗。需要注意的是引发猫产生行为问题的根本原因往往是压力或环境的改变，而压力还会诱发特发性膀胱炎、上呼吸道感染等健康问题。解决行为问题需要猫科兽医师具备丰富的医学、行为学，甚至是心理学相关知识和判断力，这对临床兽医师来说是巨大的挑战，不仅需要解决猫的行为问题，还需帮助宠主减轻猫的焦虑。另外，临床兽医师除了需要熟悉猫的健康管理，也需要学习猫的压力管理，并向宠主传授在家中或带猫就诊过程中进行压力管理的技巧。

如何学习并开展压力管理困扰着大部分的兽医师。不恰当的临床操作，如保定方式、给药方法、诊疗区域的设置是造成猫在就诊过程中感受到压力甚至产生应激表现的主要原因。如何友好地接诊和治疗过程中的“猫友好”细节正在不断完善，但“猫友好”细节尚未覆盖所有的临床操作和流程，这仍阻碍着猫科医学和临床的发展。目前，猫科医学知识的研究和培训有很多，但猫行为医学（Feline Behavioral Medicine，FBM）相关的继续教育和培训则较少，这可能会影响兽医师、兽医助理在治疗猫常见的行为问题时缺乏信心，无法保证治疗效果。

随着医学技术的发展和各种诊疗设备的不断完善，兽医师对疾病的认识越来越清晰，在临床诊断中可以采用的检测手段也越来越丰富，猫科疾病的研究也越来越深入。我国的猫科医生也在不断与国际接轨，逐渐将科学研究和循证医学的研究结果应用到临床诊疗中。但是，大多数兽医师尤其是猫专科兽医师更偏向于对症诊疗，较少考虑病理性因素之外的行为学、环境因素对疾病诊疗的影响。这种偏向于对症治疗的方式往往是由于兽医师没有以“猫的视角”去思考临床问题，在与病患接触时忽略了“猫友好”的细节。

大量的临床实践和案例报道显示，在猫科诊疗过程中注意“猫友好”思维方式和操作细节，有助于兽医师更好地了解猫的行为，解决大多数与压力相关的健康问题，帮助兽医师提高诊断效率和治疗效果，也在无形中提高了宠主对兽医师的信任感，增加其依从性，有助于诊所或医院留住病患并扩大影响力。对于猫科诊疗来说，信任兽医师的宠主越多，兽医师更容易开展宠主教育，向宠主尤其是猫繁育者宣传“猫友好”的理念和相关操作，宣传定期体检和预防保健，从根本上突破猫行为改变、压力管理对猫科诊疗的障碍。

第三节　猫友好理念

一、什么是猫友好

猫友好，顾名思义是强调友好、真诚地对待猫。猫友好的理念体现了对猫的尊重和关爱，要真正做到友好地对待猫，我们需要站在猫的角度，保持共情、尊重天性、满足需求，并要求宠主持续学习新知识。保持共情是真正做到猫友好的首要前提。我们需要试着理解猫的感受、需求和行为，为猫提供安静、舒适的休息空间，为它们提供足够的运动、抓挠和“狩猎”（玩耍玩具）空间，让猫生活在一个既满足其好奇心又能保障安全的环境。尊重猫的天性要求我们认可猫的独立性和领地意识。猫的独立性表现在它们喜欢独处和探索周围环境，不总是需要人类的陪伴。领地意识则体现在猫对自己生活空间的控制和保护上，它们会通过标记领地、巡视领地等行为来维护自己的领地安全。猫保留了独立性和强烈的领地意识这两类未驯化的本能行为。猫与人类共处时，猫的这些行为需要得到人类的理解与尊重。因此，我们需要为猫提供一个适合展现其独立性和领地意识的环境，同时在日常互动中尊重猫的这些天性。这样不仅有助于猫的健康，也能促进人与猫之间的和谐共处。猫友好要求我们满足猫的需求，包括为猫提供均衡的饮食、新鲜的水源和清洁的生活环境，定期带它们接受兽医护理，陪伴它们游戏和互动玩耍，从而保证它们心理和身体的健康。持续学习是对宠主的要求，对于爱猫者而言，要以尊重猫天性的方式去爱护和照顾猫，就必须愿意学习有关猫行为学和心理学的知识，以便更好地理解猫的行为、动机和需求。总之，猫友好是一种以猫的视角看世界、全方位友好对待猫的方式，包括共情、尊重天性、满足需求和宠主的持续学习。只有真正去理解猫，才能更好地爱它们，并为它们提供最细致的照顾。

二、猫友好医院

猫在接种疫苗、进行体检或身体不适时要离开熟悉、安全的生活环境，需要到宠物医院面对兽医，为了缓解猫在就医过程中的应激反应，营造一个让它们感到安心的环境，使就医过程更为顺畅、轻松，猫友好医院（Cat Friendly Practice®，CFP）项目应运而生。猫友好医院“友好”的核心是关爱和专业，至少体现在三个方面：①团队共识与猫友好流程。猫友好医院的所有成员均将猫友好理念作为团队共识，这不仅体现在口头上，更需要制定一系列猫友好工作流程并在实践中贯彻执行。这些流程旨在减少猫的恐惧和不安，强调与宠主的积极沟通，寻求他们的理解和配合，共同为猫创造一个更加舒适和安全的就医环境。②专业提升与终身学习。猫科医生及其团队成员需要始终致力于学习，不断掌握最先进的医疗和护理技术，提升自身的专业技能。通过不断学习和实践，确保宠物医院能够提供高标准的医疗服务，同时关注猫的情感需求，确保治疗过程中的每一步都尽可能减轻对猫造成的压力。③猫友好的环境与设施。猫友好医院在规划和设计上考虑到猫的特殊需求，从设施设备到仪器药品，都力求符合猫友好的标准，旨在为猫提供一个安静、舒适且安全的就医空间，减少它们的应激和不适。医院的员工需要让宠主知道他们非常清楚猫的特殊需求，并会在工作中努力地去满足这些需求，同时也能体谅宠主面临的挑战与困难。另外，猫友好医院项目还引入了一系列创新工具包，对宠主提供全方位的教育与支持，内容包括与猫健康和福利的相关的知识、如何在家中创造猫友好环境，以及如何在日常生活中更好地照顾它们。通过这种模式，猫友好医院项目致力于全方位提高猫的福利水平，让猫的每一次就医都成为一次无压力且愉快的体验。

猫友好理念和实践不应仅限于医院，家作为猫的主要生活场所，更应成为猫友好实践的重点。宠主对猫的爱，虽出自善意，但若仅从人类的视角出发，可能并不符合猫的需求，有时甚至会引起它们的不适、恐惧。因此，兽医在猫友好医院的实践中需要重视宠主教育，宠主教育包括以下几个方面：①培养猫友好意识。兽医需要引导宠主建立猫友好意识，帮助宠主理解猫的行为和需求与人类有着本质的不同，向宠主介绍如何去理解猫的行为、满足猫的需求的知识和技巧。②从猫的视角出发。宠主与猫互动时，应尝试站在猫的视角去思考，用猫的视角看待我们的一些日常操作，如抚摸、玩耍、喂食和清洁等，确保这些行为真正适合猫，而不仅仅是满足我们的情感需求。③重新审视我们的做法。宠主应定期审视和评估自己的行为，如家中的环境布局、猫的活动空间、与猫互动的方式等，积极进行调整使之更加贴近猫的自然习性和偏好，确保它们真正符合猫友好的标准。

第四节　猫友好发展史

一、国际爱猫组织的发展历史

国际爱猫组织（International Cat Care，iCatCare）成立于1958年，最初被称为“猫咨询局”（Feline Advisory Bureau，FAB）。FAB由爱猫人士、猫繁育人琼·贾德（Joan Judd）女士创立，其目的是弥补猫健康与福利相关知识及研究上的欠缺，改善猫的健康与福利。iCatCare旨在为宠主、兽医专业人员以及其他与猫一起生活和工作的人提供资源、支持和建议。

回溯到20世纪20年代FAB创立前，人们对猫科疾病可以说是一无所知。当时将猫所患的大多数疾病归因为“传染病”或“中毒”。在这样的环境下，同样缺乏猫专科兽医师和猫的专用药物，兽医师常给猫使用犬的药物，也很少研究甚至忽视猫的医学问题。

直至20世纪50年代中期，随着越来越多的猫成为家庭的一部分，人们开始关注猫的健康和福利问题，在猫生病时宠主希望兽医师能用专业的知识为其减轻痛苦，而不能仅是表达无奈或劝说宠主忍耐。在这样的背景下，琼·贾德女士提出，应该成立一个关注猫、关心猫、爱护猫的组织，并形成猫科信息和临床研究交流的平台。因此，1958年，她创立了“猫科咨询局”（FAB）。

FAB作为一个非营利性的慈善组织，其核心是帮助宠主和猫繁育人员解决问题，以及发布最新的信息和建议，从而确保他们的猫生活在一个更安全、更健康的地方。FAB另一个重要的特点是为研究猫传染病或其他疾病提供专项资金。历经近20年的人员和资金缺乏，FAB设立的奖学金资助了大量学者撰写并发表了大量关于猫健康和福利的文章，并与宠主分享。设立FAB奖学金的目的是培养更多的“猫专家”和“猫专科兽医”，研究猫科疾病并分享研究结果。每个季度，FAB会面向兽医和宠主出版一份FAB手册。早期的FAB手册是手绘完成的，随后发展成为FAB杂志。

20世纪90年代，克莱尔·贝桑特（Claire Bessant）担任FAB首席执行官，随后FAB将办公室迁至英国威尔特郡的蒂斯伯里，并聘请了兼职员工。90年代后半期，FAB上线了第一个网站，网站上展示了猫健康和福利的建议表，建议表可以通过邮寄的方式免费向全世界的需求者提供。

这一时期，FAB成立了其兽医部门——欧洲猫科医学学会（European Society of Feline Medicine，ESFM），并很快更名为今天我们所熟知的国际猫科医学学会（International Society of Feline Medicine，ISFM）。1999年，《猫科医学与外科杂志》（*Journal of Feline Medicine and Surgery*）作为一份同行评议学术期刊发行。

2000年初，FAB举行了第一届欧洲猫科医学会议（European conference on feline medicine），随后每年举办一次，并陆续启动了“猫友好诊所”计划（Cat Friendly Clinic，CFC）以帮助减轻猫和宠主就诊时感受到的压力，“易于投喂奖”（Easy to Give）用以帮助宠主选择容易给猫服用的药物，“猫友好奖”（Cat Friendly）用于奖励对猫福利有益的产品。同时还为兽医助理提供免费会员资格及免费杂志《*Feline Focus*》和网络研讨会，为宠主和非兽医的猫专业人士提供免费杂志《*Intelligent Cat Care*》，为其提供猫健康、行为和福利方面的最新进展。此外，FAB还开始资助各类国际猫福利和兽医培训项目，并设立了“猫福利奖”（Cat Welfare Award）以表彰为实现猫福利而做出的努力。

2013年，鉴于FAB在猫科医疗和福利方面的全球影响力，

FAB 更名为国际爱猫组织（International Cat Care，iCatCare）。目前，iCatCare 由 22 名专业人员组成，通过其官方网站向兽医、兽医助理、繁育人员、宠主以及任何对猫感兴趣的人传播猫相关的知识及培训资源。2025 年 1 月，ISFM 更名为 iCatCare 兽医协会（iCatCare Veterinary Society）。

二、美国猫科医生协会的发展历史

1970 年，在拉斯维加斯举行的美国兽医协会会议上介绍了一个新团体——美国猫科医生协会（American Association of Feline Practitioners，AAFP），该团体是由 Alvin Kaplan 博士召集了一群对猫科医学有浓厚兴趣的兽医组建而成，唯一的目标就是提高猫科医学水平。AAFP 成立时有 25 名成员。到 1974 年，在 Barbara Stein 博士、Fred Scott 博士和 Bill Hardy 博士的帮助下，已发展到两百多名成员，并宣布正式成立。此后，AAFP 发展成为猫科医学中一个饱受赞誉的机构，同时 AAFP 还与其他兽医协会和组织合作，致力于“提高猫科医学水平”这一使命。

AAFP 通过高标准的临床实践、继续教育和循证医学来支持其成员改善猫的健康和福利。AAFP 的定位是兽医和爱猫人士在猫的健康和福利方面值得信赖的领导者。AAFP 的核心价值观：①使命和会员为本。AAFP 始终致力于实现会员利益的最大化。②科学导向。AAFP 以科学为主导，提供循证医学支持的可靠信息，AAFP 支持兽医团队针对猫的健康和福利开展的教育和培训，提高猫的护理标准，鼓励不断学习新的知识。③专业性。AAFP 保持高标准的工作态度，在会员和团体活动中秉持正直、诚实和尊重的原则。④多样、平等、包容和开放。AAFP 承诺尊重会员群体的多样性，珍视团体中不同的想法和观点，以营造一个包容的环境，使内 / 外猫科医学均衡发展。⑤责任保证。AAFP 实行审慎的财务决策和问责制，并向会员展示其承诺、热情、尊重和领导力。AAFP 鼓励积极有效的沟通，作为一个有凝聚力的团队开展工作，支持领导层的决定，为协会共同发声。

基于 AAFP 的核心价值观，AAFP 为会员提供前沿的文献资料和宝贵的资源，包括但不限于《猫科医学与外科杂志》（*Journal of Feline Medicine and Surgery*，JSFM）、AAFP 医疗会议、AAFP 指南 / 共识等。近年来，AAFP 推出的猫友好医院项目（Cat Friendly Practice®，CFP）在北美、南美以及加勒比海地区也取得非常好的成果。此外，AAFP 在 CFP 项目的基础上设置了猫友好认证，为兽医、助理和前台提供相应的课程与认证，完成认证课程将提高对猫的了解和护理标准。猫友好证书包括：猫友好兽医（Cat Friendly Veterinarian，CFV）、猫友好专业人员（Cat Friendly Veterinary Professional，CFVP）、猫友好倡导者（Cat Friendly Veterinary Advocate，CFVA）。截至目前，中国已有 10 位兽医师获得 AAFP 的猫友好兽医证书，另有 4 位获得 AAFP 的猫友好专业人员证书。

AAFP 于 2024 年年会上更名为猫科医学协会（Feline Veterinary Medicine Association，Feline VMA）。

三、“猫友好项目”的发展历史

2000 年初，在 FAB 的会议上与会人员提出：“我们还能做些什么可以最大程度地改善猫的医疗护理？”会议就以下内容展开了讨论：更好地了解猫的需求、减轻猫的压力、温和而富有同情心的对待，是提升猫友好的基础；减轻猫的压力，并最大限度减少对临床检测数据准确性的影响；如果猫的压力较小，它们进食也会更顺利，恢复得更快，还有助于宠主克服不愿将猫带到兽医诊所或医院的心理障碍，提高宠主参与预防性护理的积极性，对患病猫可以更早地进行诊断和治疗。通过本次会议“猫友好项目”（Cat Friendly Program）的概念和内容正式形成。iCatCare 联系了世界各地的猫科专家，并将初始的想法列表制成了一本小册子，概述了猫友好精神，并添加了猫友好的建议和技巧。随后在英国开展了一项提升人类猫友好意识的竞赛，在两年多的时间里，竞赛吸引了大批的兽医、兽医助理和诊所。但比赛不可能永远持续下去，兽医师们需要一种能证明他们的做法符合猫友好概念的途径。

在普瑞纳（Purina）的支持下，ISFM 设立了与皇家兽医学院（Royal College of Veterinary Surgeons，RCVS）临床标准一致的“猫友好诊所”（Cat Friendly Clinic，CFC）认证项目，并设立了金牌猫友好诊所（Gold CFC）、银牌猫友好诊所（Silver CFC）和铜牌猫友好诊所（Bronze CFC）三个认证级别。

为了将该项目推广到全球，ISFM 与 AAFP 合作，随后 AAFP 授权北美和南美地区启动项目并另行命名为“猫友好医院”（Cat Friendly Practice®，CFP）项目。CFP 和 CFC 的主要目标都是分享猫护理的理念和临床实践，提升人们对猫的需求和护理的认知，并最终促使这些理念成为现实，两个项目均于 2012 年正式启动。

在之后的发展中，为了推进以猫友好的方式治疗猫，更安全地与猫相处和互动，提高临床团队的工作满意度，让客户和猫更快乐，ISFM 和 AAFP 意识到需要为兽医、兽医助理等工作人员提供更多的培训以提升猫科技能。因此 ISFM 于 2019 年推出了猫友好兽医专业人员（图 1-1）和兽医接待员短期认证课程，CFP 将认证计划作为培训新员工，让诊所成为猫友好医院的第一步。AAFP 于 2020 年推出猫友好认证课程，分别针对兽医

（图 1-2）、专业人员和倡导者设置了不同课程。ISFM 和 AAFP 的认证课程均致力于使兽医获取知识，增加他们对猫的了解，满足患猫的需求，并建立与猫一起工作的信心。

图 1-1　ISFM 猫友好兽医专业人员证书

图 1-2　AAFP 猫友好兽医证书

2022 年，在 CFC 和 CFP 正式启动的 10 周年后，参与 CFC 或 CFP 项目的数量由 6 个国家、312 个项目增加至 48 个国家、3066 个项目，随着参与 CFC 或 CFP 项目的诊所和人数的增加，“Cat friendly”（猫友好）已为更多的兽医和兽医从业人员熟知，人们也更加了解猫的需求。

四、CFP 和 CFC 项目

CFP 和 CFC 项目旨在改善与猫相处和互动、提高兽医临床团队的工作满意度、让客户和猫更快乐，减少就诊时猫的压力，克服宠主不愿将猫带到兽医诊所或医院的心理障碍，以猫友好的方式治疗猫。

1. CFP 项目

AAFP 在北美、南美以及加勒比海地区开展“猫友好医院”（Cat Friendly Practice®，CFP）项目（图 1-3），该项目的核心是减轻猫、宠主就诊时的压力，提高猫的护理质量。Cat Friendly Practice® 项目旨在通过以下方式改变和提升对猫的护理质量：向缺乏悉心照顾的猫提供基础护理；观察猫的某些指标的基线信息和变化趋势；强调宠主在就诊过程中的重要作用；为兽医和兽医团队提供支持，创造一个爱猫的就诊环境；考虑猫和宠主各方面的体验感，对每次护理服务随时进行调整。

图 1-3　AAFP 的金级猫友好医院标志

（1）如何获得 CFP 认证　申请成为 Cat Friendly Practice®（CFP），需要满足以下条件。

① 兽医会员：医院中至少要有一名 AAFP 兽医会员，以便获取 Cat Friendly Practice® 项目的认证资料。

② 获取认证资料：AAFP 兽医会员在会员中心获取 Cat Friendly Practice® 项目检查清单、指南和其他材料。

③ 建立团队：招募另一名团队成员或组建一个猫友好倡导者团队来完成项目检查清单，在线提交检查清单等待审核，审核通过后即可获得 Cat Friendly Practice® 认证。

④ 继续教育：对员工和新入职的成员进行继续教育。

⑤ 认证更新：Cat Friendly Practice® 认证每三年需要更新一

次，且必须保持 AAFP 会员资格。

⑥ 其他：申请 CFP 认证的医院需要保证不进行选择性去爪术。

（2）Cat Friendly Practice® 项目检查清单　Cat Friendly Practice® 项目检查清单包括以下 10 部分内容（图 1-4）（可在 AAFP 会员中心获取详细信息）。

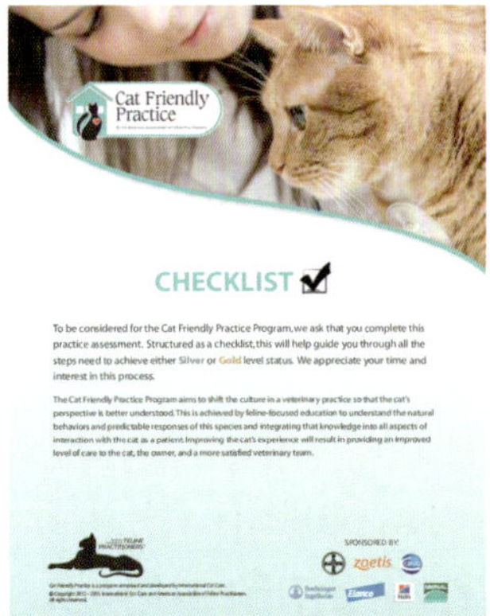

图 1-4　Cat Friendly Practice® 项目检查清单

① 员工培训与继续教育，客户沟通。

② 兽医诊室，候诊区。

③ 猫的保定以及与客户的互动。

④ 检查室，临床记录。

⑤ 住院部和留观区。

⑥ 疼痛管理，手术室与麻醉。

⑦ 外科设备，牙科。

⑧ 诊断成像，实验室设施。

⑨ 治疗，健康与安全。

⑩ 猫不同生命阶段的预防保健。

（3）获得 CFP 认证的益处

① 直接收益：减轻来院就诊的猫和工作人员的压力；对外展现医院对来院就诊的猫的重视，提高现有客户的满意度；增加临床知识、提高专业技能；在 AAFP 网站展示医院列表；吸引更多新的猫来院就诊；减少与猫有关的伤害。

② 远期收益：获得认证，说明医院获得卓越的认证；致力于为每只猫创造最好的体验，表明你的医院致力于提高猫的护理水平；获得在线营销工具包，包括 CFP 标志、广告和促

销项目、社交媒体视频、教育演示、客户资源，以及帮助医院向潜在客户推广的指定方法；保证客户和员工持续获得教育资源。

2. CFC 项目

ISFM 在除北美、南美以及加勒比海地区以外的其他国家，开展“猫友好诊所”（Cat Friendly Clinic®，CFC）认证项目。现已有 31 个国家，超过 1900 家医院申请为 ISFM 认证的猫友好医院（图 1-5、图 1-6）。中国有越来越多的动物医院申请 ISFM 的猫友好医院，迄今为止，有 297 家医院为活跃状态，包括 254 家金级医院、42 家银级医院，以及 1 家铜级医院。ISFM 猫友好医院需要每三年更新信息重新认证，并且保持每年的 ISFM 会员状态。获得 CFC 认证的动物医院必须满足猫友好的操作和环境，支持减轻猫及宠主的就诊压力

图 1-5　ISFM 猫友好诊所标志

图 1-6　ISFM 金级猫友好诊所认证证书

（1）如何获得 CFC 认证　我国的宠物诊所 / 医院需要通过 iCatCare 的兽医部门 ISFM 开展的 CFC 项目获得猫友好诊所认证。“猫友好诊所”项目由勃林格殷格翰（Boehringer Ingelheim）、诗华（Ceva）、爱德士（Idexx）、硕腾（Zoetis）和皇家（Royal Canin）赞助和支持，为兽医诊所免费提供详细的资料资源。认证猫友好诊所不需要支付任何申请费用，但诊所 / 医院必须成为 ISFM 诊所 / 医院付费会员（ISFM Clinic Member）才能获得认证。

根据诊所的设计、设备和设施以及猫的护理标准可申请金级（Gold CFC）、银级（Silver CFC）和铜级（Bronze CFC）猫友好诊所，获得认证后每 3 年需要重新提交资料，以确认是否仍符合认证标准。

① 申请前准备。阅读《创建猫友好诊所指南》；查阅检查清单，判断是否需要进行修改以满足认证要求；指定一名猫友好倡导者并明确其职责；在线为诊所申请 ISFM 诊所付费会员资格；登录 iCatCare 官网可获取更多的细节 。

② 员工培训及继续教育。所有级别猫友好诊所的兽医和兽医技术人员、护士每年必须至少接受 3 小时的猫科医学的继续教育。诊所应为所有工作人员提供最新的猫科相关知识，临床治疗的结果必须进行检查和回顾讨论。

③ 就诊环境。所有级别猫友好诊所必须努力减轻猫的压力，例如提供舒适的垫子和笼子里的藏身之处，使用视觉和噪声屏障来减少来自其他动物的压力；银级和金级猫友好诊所在常规病房中为猫提供尺寸足够的专用住院笼。除满足银级要求外，金级猫友好诊所需要为猫提供单独的、安静的猫专用住院病房。

④ 候诊和就诊区。铜级猫友好诊所需要预留仅供猫就诊

的时间，设置一个带屏障独立猫等候区或一个仅供猫使用的等候室；银级和金级猫友好诊所必须为猫提供单独的候诊区或猫包放置架，避免将猫直接放在地板上。除满足银级要求外，金级猫友好诊所需要至少有一个主要或专门用于猫就诊的诊室。

⑤ 猫的保定。所有级别猫友好诊所必须确保猫被温柔和尊重地对待，坚持猫友好原则，在处理过程中尽量减少对猫的压力和避免过度的人工约束。

⑥ 与宠主沟通。所有级别猫友好诊所必须向宠主提供在往返诊所的过程中如何减轻猫的压力的知识，并向宠主介绍照顾他们的猫的兽医和兽医助手。

⑦ 住院部。铜级猫友好诊所不要求设有住院设施，但需要有合作的诊所、医院供转诊。如果院内设有住院设施，则住院设施必须符合银级标准；银级和金级猫友好诊所院内必须有专门的住院病房，设有尺寸足够的笼子，并且猫与犬的住院区域必须分开。

⑧ 金级认证的附加标准。金级猫友好诊所至少设有一间主要或专门用于猫诊疗的诊室；具有隔离传染病患猫的隔离室。

（2）获得 CFC 认证的益处　获得 CFC 认证后，猫友好诊所可以为猫带来更愉快和有益的体验，为员工创造更安全、更愉快的工作环境，并让诊所在兽医市场上更有竞争优势。

① 改善猫的医疗护理和诊断

更低的压力：通过采取对猫友好的做法，可以显著减少猫在就诊期间所经历的压力、提高猫的福利。

更好的预后：降低猫的压力水平有助于提高检查结果的准确性、有助于提高诊断正确性，并能提高治疗和术后恢复的效果，有助于改善猫预后。

② 提升宠主的体验感和留客率

提高宠主的满意度：就诊时，猫在诊所内获得的积极的体验可以让宠主更愉悦，也更有可能再次带猫来就诊并推荐给其他人。

客户教育：诊所可以为宠主提供有价值的信息，告诉他们如何减轻猫的压力，鼓励他们带猫更频繁、积极地进行医疗保健，不仅有助于猫的健康，也可以加强诊所和宠主间的关系。

③ 增长业务量和加强竞争优势

促进业务发展：认证成为猫友好诊所可以吸引新客户并保留现有客户，使诊所具有独特卖点，提高诊所的竞争力。

宣传和认可：获得认证的诊所会在猫友好诊所的网站上列出，获认证的诊所还会收到免费的宣传材料，如窗户贴纸、证书和海报等。

④ 保证员工的发展及安全

提高工作满意度：兽医工作人员在为猫病患提供最佳护理时，还能获得专业发展的机会，这将有助于提高他们的工作满意度。

提高工作人员的安全性：猫友好的保定技术可以有效降低抓伤或咬伤的风险，使诊所成为一个更安全的工作场所。

⑤ 国际认证和专业性的发展

国际认证：加入 CFC 使诊所与国际上的猫护理标准保持一致，有助于提高诊所的声誉。

专科发展：CFC 认证项目有助于工作人员学习最新的猫科研究成果和指南，为工作人员提供提高知识和技能的机会。

第五节 猫友好医院的团队意识

AAFP 的 Cat Friendly Practice®（CFP）和 ISFM 的 Cat Friendly Clinic（CFC）两个全球性认证项目旨在通过减少猫、爱猫者以及整个兽医团队的压力，提升对猫的护理水平。为了减少猫和爱猫者的压力，同时提升整个兽医团队的工作效率和服务质量，实践猫友好需要加强团队意识。

加强团队意识需要确保每个团队成员都理解并致力于实现这一目标，包括采取减少猫在兽医诊所 / 医院应激反应的措施，提供更利于猫友好的环境，改善与爱猫者的沟通。当整个团队共同努力，坚持相同的目标和方法时，可以更有效地创建一个对猫友好的护理环境，从而提高服务质量，增强客户满意度，并最终提升整个医院的声誉和治愈率。

一、猫友好团队共识

实践猫友好，需要培养“猫友好”意识在医院内形成共识，需要医院内的所有成员用正确的态度和方式对待来就诊的猫。培养对待猫的正确态度涉及很多因素，有些人更能与猫共情，更能以冷静和放松的态度对待猫及进行操作，而对另外的一些人来说，这不容易做到，但这并不意味着不能学习，首先要对猫有正确的认识。对猫有真正的了解将会有很大的帮助，认识到对猫的操作与保定时“少即是多”的道理，形成冷静的处理方式。同时要考虑到宠主所面对的挑战与困难。

猫友好的共识要贯穿到医院内每一位员工，无论是医疗团队还是前台接待。兽医在接诊时的猫友好态度及操作固然重要，但宠主带猫就诊首先接触到的是前台接待人员或者助理，在进入诊室前可能需要在候诊室等待一段时间，所以确保所有员工都保持正确的猫友好态度及处事方式将有助于让猫与宠主感到舒适，减少其应激与压力。猫友好理念对所有的员工都非常重要，也是猫友好医院的核心所在。

二、正确地接触猫

整个医疗团队都需要了解如何接触猫和与猫相处，无论是否直接参与照顾猫或者对猫进行操作。团队的每一位成员都要知道猫对气味和声音的敏感性，意识到猫离开了它们的领地会感到十分恐惧，会出现不同的压力相关性行为表现，要读懂猫的肢体语言，了解猫的内心想法，想猫之所想，适时改变对应的措施。在接近猫的时候始终都要保持平静，对猫进行操作时，遵循“少即是多”的策略，对猫进行最低限度的保定，甚至不保定，以安抚和转移注意力的方式代替保定动作。

更多的信息请查阅后面的章节。

三、猫友好临床知识和技能培训

良好的临床实践需要兽医持续进修，不断地更新先进知识且运用到临床中，做好循证医学。医疗人员必须接受相关的继续教育，可通过不同的形式进行，如参加会议与研讨会、网络研讨会、远程教育课程、阅读文献/期刊/书籍等。

兽医与兽医助理每年持续进修的内容中应保证猫科医疗内容占有一定的比例，动物医院应对所有医疗团队成员的持续进修进行书面记录及监督工作。

四、充分理解宠主

猫友好医院的工作人员除了对猫要有正确的了解与认识之

外，对宠主的理解也同样非常重要。对很多宠主来说，带猫就诊是一个非常痛苦的过程，他们需要在家里抓到猫，把它塞进猫包里，提着猫包乘坐交通工具才能到达动物医院，宠主可能在路途中要听着猫不安地嚎叫，甚至要控制坐立不安想挣脱逃跑的猫，这对人与猫都是应激。理解宠主带猫就诊时面对的困难，知道需要采取什么措施来减少其中负面的影响，这是非常重要的。

其实猫友好的工作早在猫与宠主踏进医院大门之前就应该开始了，因为就诊前宠主可能会先电话或者微信咨询，然后进行预约，所以首先接触到宠主的员工是接待人员。在这个最初的阶段，很多做法能让宠主感到轻松并有助于减少带猫就诊的压力，例如工作人员从一开始就为宠主提供建议与帮助，发送如何带猫出门的指南，告诉他们带猫就诊最佳的方式、购买猫笼 / 猫包的款式、如何让猫熟悉和接受猫包、如何在路途中确保安全与减少应激等，这将大大减少人和猫的应激，对整个就诊体验有非常积极的影响。

所有的宠主都是非常爱猫的，但是未必所有人都能正确地表达对猫的爱。作为猫友好医院的员工，有义务对宠主提供正确的指引，客户教育是很重要的一环。让宠主同样站在猫的角度去思考，无论是家中的环境布置以及家庭护理，还是带猫就诊进行预防医学保健，都是值得广大兽医同行去努力的方向。

五、与宠主的沟通

与宠主有效的沟通是为猫病患提供全面医疗护理的关键。以共情和理解的方式进行沟通，让宠主有机会参与讨论、提出他们所担心的问题，不仅适用于病史询问和医疗上的沟通，也适用于预约或者咨询的场景。例如，在宠主咨询或者预约的时候，引导其在家护理操作或者给予安慰，告知如何带猫就诊及减少应激的方法，安排预约后向他们解释相关的程序以及到动物医院后将面对的情况等，让宠主有所了解，这会使得他们感到更加安心。当然，留出时间给宠主提问以确定他们是否了解给出的解释与建议，也是相当重要的，这可以确保双方信息对等。

进行客户沟通是很重要的，且可以增强有效沟通的方法包括以下几方面。

（1）通过不同的方式与宠主直接沟通，可通过当面沟通、电话、微信等不同的形式，具体形式因客户及动物医院的习惯而异。注意沟通时需以准确而简洁易懂的方式来表达医疗术语，不同宠主的医疗知识背景有着很大的差异，医疗团队人员必须根据宠主的理解能力，调整自己的表达方式，确保宠主能理解透彻。另外，对于一些预防医疗操作到期提醒，如疫苗接种、驱虫杜蚤等，可以以书面形式或者发送短信等形式进行提醒及主动沟通。

（2）与宠主沟通检查项目和治疗的时候，根据情况提供不同的适当选项，保持开放性的沟通，是非常重要的。应当给予合理的估价，让宠主清楚每项的费用，必要时（或客户要求时）可用书面形式告知。当检查或者操作的费用超过预估时，应提前告知客户或进行其他可行性选择的讨论。收费后应根据客户的要求提供消费明细。

（3）向宠主提供相关的纸质材料（或者以短信、微信形式发送）以补充咨询期间或就诊期间传达的口头信息，因为很大部分口头交流的信息可能会迅速被遗忘。此外，在前台、候诊区、诊室等区域都可设置客户教育的资料存放区，提供纸质版客户须知，包括养护知识、预防医学知识、常见疾病护理等，使用这些资料积极地介绍常见的问题，宠主可以很方便地获得全面的资讯，有助于提高客户教育的效率，客户在回家后也能持续学习。

（4）在院内指定一名或多名“为猫代言的人”更好地贯彻落实猫友好原则，他们不必一定是兽医，可以是兽医助理甚至是前台接待员，他们应该是与生俱来更能与猫和宠主产生共情的，并对猫的行为和如何与猫接触及对猫进行操作有良好的认识。当宠主对他们在医院内的猫有任何特别的担忧时，可与“为猫代言的人”进行沟通。

（5）建议在候诊区内清晰展示院内工作人员列表，说明每位人员担任的职务（如兽医、兽医助理、前台接待等），并附上照片，以便客户知晓是谁在接待和照顾他们的猫。如果院内有任命“为猫代言的人”也请告知客户。

（6）应主动向客户征求反馈意见，接收正面与负面的意见，改善服务。

第二章

猫是什么“喵”？

充分地了解猫、尊重猫的天性，才能理解它们的行为，才能更好地爱它们，才能减少拟人的思考和做法。这需要我们从源头了解：猫是如何逐步演变成我们的伴侣的？为何它们会出现人类无法理解的行为？它们到底在想什么？了解才能理解，理解才能更好地尊重它、爱它。

第一节　猫的起源

一、猫的祖先

家猫的祖先是来自北非和近东地区的一种独居及高领地性的非洲野猫，也称为北非野猫或阿拉伯野猫，它们生活在远离人类的地方，人类难以接触到它们。

雄性非洲野猫在几个月龄时就会离开母亲独自生活，它们通过与其他雄性打架争取自己的领地，寻找配偶，也可能通过发情母猫气味来寻找配偶。雌性成年后也会争取自己的领地，领地范围取决于生活资源能否满足一窝幼猫和自己的生存所需。幼猫长大至能够自己捕猎时，会抢夺食物资源，此时母猫会将它们驱离自己的领地。除了发情期雌性会接受雄性的接近，成年的雌性和雄性之间都会有攻击性。

非洲野猫饮食习惯是少量多餐，它们通过捕获啮齿类、鸟类、昆虫、爬行动物等小型动物作为食物，只有捕猎成功才会有食物，这让捕猎成为它们与生俱来的天性和赖以生存的技能。对于小型动物来说它们是捕猎者，同时它们也是大型动物的猎物，所以它们必须保持高度的警惕，才能保证自身安全。它们在天亮前的黎明出行以保证较高的捕猎成功率并能减少暴露的风险，而在一天中的其他时间则找地方躲藏、休息以保存体力。

二、猫的驯化

物种的驯化和动物的驯服是有显著差异的。驯化指该物种群体在行为、生理、遗传等因人工选育而独立出来并通过多代的培育，使这种动物在基因上不同于原始野生动物；驯服是指野生动物的个体，通过一系列的训练、学习，变得可以与人类共同生活，人类对该物种的其他个体或该物种的遗传基因并无任何影响，它们的本质依然是野生动物，其后代仍然会害怕人类。进化发生时出现自然选择，物种的个体中出现遗传差异，以使它们更好地适应环境，提高存活与繁殖的可能性。这些基因可以传给后代，通过此过程，该物种会被打造得更加适应这个环境。

非洲野猫因其独立的生活方式，看似不太可能被驯化，大约在一万年前，一些胆子特别大的个体进化出在人类区域狩猎的能力，才会有家猫驯化的戏剧化转变。一万多年前生活在中东新月沃土的人类开始储存农作物，以至于家鼠泛滥，而非洲野猫就被密集的猎物所吸引，来到了人类的聚居地。对它们来说，丰富的食物资源提高了存活的可能性，也可能会通过与人类联系的增加，降低被驱赶的可能性；猫帮人类控制了有害的动物，保护了人类的食物，人类欢迎猫的靠近，甚至会捕捉、驯养猫。猫在学习与人类共存、协作的同时，丰富的食物资源也满足了同一区域内多只猫的生活需求，猫之间的社交也出现了变化，进化出了能够生活在共享领地的一种有限的社交形式。

几千年至一万年对新物种进化是一个很短的时间，而非洲野猫从独立的、高领地性且视人类为敌人的物种，转变成为某种程度上能与人类建立友好关系并能够适应共同生活的物种，这一转变所花费的时间比狼进化成犬的时间要短得多。

三、猫品种的演变

品种是由人类培育的具有可遗传的统一特征的动物，该群体与同物种其他动物具有可区分的特征，是人工选择的产物。可区分的特征一般指体型、毛色等身体特征，如毛发的长短、耳朵的立折、眼睛颜色、尾巴长短等。

猫的选择性繁育始于十九世纪晚期，人类选择两只具有某种特征的猫进行繁殖，希望增加后代拥有此特征的概率。人工选择时总会根据人类的偏好进行，在选择伴侣动物时人类大多选择那些长相和形态特征犹如“婴儿般”可爱的动物，例如头身比例大、头圆而小、眼睛大而圆，波斯猫、异国短毛猫等短鼻品种就很符合此特征，成年后长得也像幼年时。

在选择性繁育时一些异常的基因会遗传给后代，出现遗传性疾病，但其严重程度和发病时间却不尽相同。遗传性疾病在纯种猫与非纯种猫上都可发生，其中纯种猫更为常发，近亲繁殖的某些品种发生遗传性疾病的风险更大。已知有遗传性疾病的猫不能用于繁殖，且拥有该异常基因但未发病的猫也不能用于繁殖，某些已知的遗传性疾病可通过基因检测识别，建议育种前进行基因筛查检测。

然而，某些品种特征却是牺牲了猫的健康而出现的，例如人类觉得很可爱的超扁平鼻子的波斯猫、异国短毛猫，圆头圆脑的苏格兰折耳猫，短手短脚的曼基康猫等，这些身体特征都不利于猫的自身健康。猫的脸过于扁平，会使其鼻孔特别小、上呼吸道严重阻塞，而引发“短头综合征”；过大的眼睛会增加患角膜炎的风险；软骨发育不良导致全身关节剧烈疼痛会伴随折耳猫的一生；前肢骨骼发育异常可能会让曼基康猫在青年时就要遭受关节疼痛。人类选择繁育拥有这些基因突变或基因表型的猫，获得了人类觉得可爱的品种，但是这些猫在生命中的不同时期可能遭受着疼痛与疾病的困扰，只要停止繁育这些品种，就可以避免猫遭受这些。

第二节　猫的特性

一、具有捕猎天性

猫拥有锋利的爪子和牙齿，捕猎行为是与生俱来的天性，自然界中猫需要捕猎才能获得食物，猎物的声音和视觉的刺激会激发猫的捕猎行为，通常猫在黎明和黄昏时分猎物活跃和脆弱的时候进行捕猎。猫需要大量的运动，见到移动的猎物会激发天性，开始观察、追逐、围堵、捕捉，捕获后可能会撕咬猎物，同时在黎明和黄昏它们更为活跃。

在与人类的互动过程中，猫可能会误以为晃动的手、脚是“猎物”，从而进行扑咬，这是引起“人猫矛盾”最常见的行为之一。使用适当的猫玩具正确引导猫释放天性、表达自然行为可以解决这一问题。相反，对于室内猫来说，如果缺少让猫练习捕猎的玩具，则会让猫感到非常无聊，运动量也会大幅减少。

猫是捕猎者，但由于其体型较小，自然界中的猫也会成为其他大型动物的猎物而被捕食，所以猫对外界的刺激和陌生的环境有着独特的反应，它们会对新的事物感到恐惧，并会作出一些保护自己免受威胁、伤害的行为。当猫感觉到无处可躲或无处可逃时，可能会进行攻击，所以减少猫的恐惧以免出现迫不得已的防御性攻击，是避免人猫冲突至关重要的做法。作为猎物的它们，还进化出隐藏疾病的能力，以免被大型捕猎者发现其脆弱之处，而隐藏疾病对兽医的诊疗非常具有挑战性。

二、肉食性及进食习惯

猫的消化道相对较短，适应了消化高蛋白、高脂肪食物，成了专性肉食动物。此外，猫需要从肉类食物中吸收必需氨基酸和牛磺酸等特定的维生素，所以在饲养猫时必须选择营养均衡的食物。另外，猫缺乏葡萄糖醛酸酶，其肝脏解毒能力较弱，因此对人类无毒的食物或药品却可能对猫有毒，这一点尤其需要注意。

猫作为捕猎者，其猎物主要为体型较小的哺乳动物、昆虫、鸟类和爬行动物。在野外，猫需要耗时耗力地去捕猎，来果腹一小顿，然后接着继续捕猎，形成了少吃多餐的进食习惯。固定时间和一次大量投放食物并不符合猫的天性，猫更适应定时、定量的喂食方式。很多时候，猫进食时吃两口就会走开，人们可能会误以为猫不喜欢所喂的食物或食欲下降，但这只是猫的正常进食习惯而已。

自然界中，猫会在捕获的食物中吸收水分，所以其主动饮水较少，家养猫也保持着与祖先一样的饮水习惯。如果因为某些疾病而需要摄取更多的水分，可以给猫喂食湿粮，以帮助猫维持良好的水合状态。并非每只猫都能轻易接受改变饮食，特别是幼年期只接触过很少食物种类的猫，所以在幼年期提供不同的食物种类（干粮与湿粮），可以提高猫对食物的适应性。

现今，家庭饲养的猫根本无需捕猎获得食物，缺乏激烈运动的能量消耗，会造成家养猫日渐肥胖。使用益智喂食器等让猫进行体力或脑力活动后才能获得少量食物，以模拟野外捕食的环境并增加其获取食物的难度，有助于避免猫的肥胖。此外，猫很快能学习到一些获得更多的食物的与人类互动的社交行为，例如对人类叫唤、磨蹭。

进食对猫来说并没有社交属性，它们喜欢独自进食，不希望被打扰。多猫家庭中，为每只猫提供独立进食的位置非常重要。多只猫可以在同一空间进食并不代表它们乐意接受这样的安排，因为食物是由宠主控制并统一提供，即使猫之间的关系比较紧张、存在敌对时也不得不共享空间一起进食。食物摆放的位置也很关键，放在门口猫会觉得有威胁感，放在窗边猫可能会感到自己过于暴露、没有安全感，放在很角落的位置可能让猫难以接近食物。多猫家庭可能会存在猫之间的霸凌行为，当只有一个通道接触食物时，霸凌者可能会阻止被霸凌者接触食物，这样猫之间的冲突会更为显著。因此，应在多个位点摆放食物，摆放位置需要安全、安静、无打扰，让猫可以自由、快速、独立进食。

三、领地意识强

家养猫并不需要靠捕猎来生存，但它们依然保留着领地意识，它们的领地意识非常强烈，毕竟领地越大、食物资源越多，被侵犯领地等于被抢夺了生存资源。它们会小心谨慎地保护自己的领地，会巡视自己的领地，担心有入侵者闯入，特别是在黎明和黄昏时分。

多猫家庭中，生活在同一屋檐下并不代表猫之间相处融洽，它们可能只是迫不得已相互容忍，特别是无血缘关系、来自不同社会群体的猫。宠主常以为不同的猫可以很快成为朋友相互陪伴，但事实并非如此，家里猫的数量多于 1 只时，猫的领地很可能重叠，它们为了减少冲突，常常在各自喜欢的区域内活动或休息、独自待着，猫之间不产生任何接触，尽量避开对方。若生活资源不充足或领地重叠需要相互接触时，可能会造成猫之间的争斗，在不同区域饲喂和提供多个食盆和猫砂盆可以减少猫之间的冲突，让猫更加能容忍其他猫的存在。

猫会在领地中进行标记以增加其安全感，标记行为包括磨蹭、抓挠、喷尿，留下化学信息素等。这些行为可以释放猫的压力，但如果过多或不恰当地出现标记行为，应寻找是否存在一些促使它们有这类行为的诱因。抓挠行为是猫需要表达的自然行为，家里需要备有可抓挠的猫抓板，减少抓挠沙发等可能引起人猫矛盾的事件。未绝育公猫常通过尿液标记领地，及时绝育能够改善该行为，但如果猫在其领地依然察觉到威胁或不安全，此行为很可能会持续发生。

四、独立性强

猫非常独立，不需要同类的陪伴和帮助，通常独自捕猎、独自寻找栖息地和保护自己的领地，除了繁殖期间需要与其他猫相处，其他的时间它们都满足于独自生活。其他猫的出现反而被视为威胁，猫认为它们可能会来抢夺生活资源。猫可以自己保护自己，通过对周围环境的高度警觉和敏捷的身手让自己摆脱困境，但若感到无法逃跑时，则会用它们捕猎的武器来保护自己。

猫如此独立的生活方式，可能会被人类认为是孤独的表现，人类可能会误以为猫跟人一样需要陪伴，所以找来另外一只猫“朋友”作伴。但是，与其他猫分享领地和生活资源，对猫来说很有压力。猫可能会选择不依靠人类、不与人类互动、享受独立。但作为仅室内生活的猫，缺乏捕猎的机会，猫也会感到无聊，而且运动量过少容易造成肥胖，所以需要为猫提供玩具、逗猫棒、益智喂食器等让猫展现捕猎天性的物品，增加其室内生活的乐趣。

五、警惕性

猫作为独立的捕猎者，危险出现时没有群体来保护或提醒它，因此猫需要非常迅速地作出反应以提高捕猎的成功率，同时要时刻保持警惕、避免危险。日常生活中的应激、声音、气味，都可能让猫产生压力，猫在受到惊吓时会迅速地作出反应。

长期处于压力环境下的猫，更容易出现压力相关性疾病，如特发性膀胱炎等。

六、感官敏锐

人类的听觉范围是20～20000 Hz，猫的听觉比人类更敏锐，其听觉范围可达 48 ～ 85000 Hz，灵敏的听觉在捕猎时发挥重要的作用，猫能听到小型啮齿类动物和其他小型猎物发出的高频声音从而发现这些猎物。猫的嗅觉也比人类更敏锐，嗅觉对于猫的交流、繁殖、觅食、捕猎等行为也是至关重要的，猫的嗅觉总面积为 20 ～ 40 cm^2，包含 2 亿个受体，而人类就只有 2 ～ 5 cm^2，约 500 万个受体。同样的物品，人类可能闻不到味道，但猫可能会嗅到丰富的味道。此外，猫也会留下自己的气味来标记物品，感到放松时会留下面部信息素，感到不安全时会喷尿进行标记。

猫会研究自己和其他猫产生的不同气味和化学信号。这些化学信号被称为信息素。鼻子感受气味，而位于硬腭的犁鼻器感受信息素（图 2-1）。猫通过身体上的各种气味腺（图 2-2）产生信息素，并利用它们与其他猫进行交流并增强对环境的识别。猫通过面部摩擦和抓挠沉积信息素，以营造环境安全感。

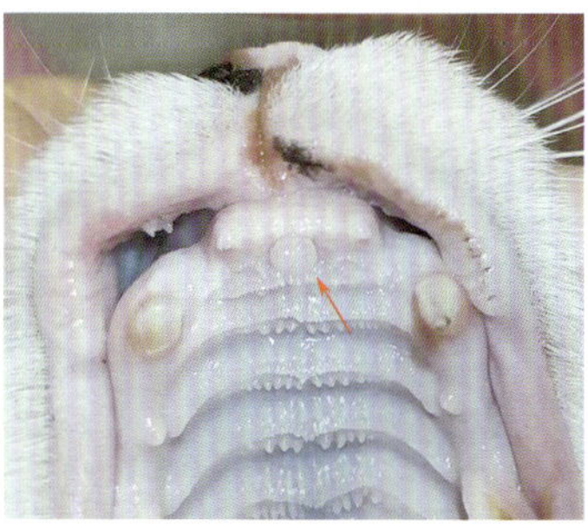

图 2-1　猫的犁鼻器

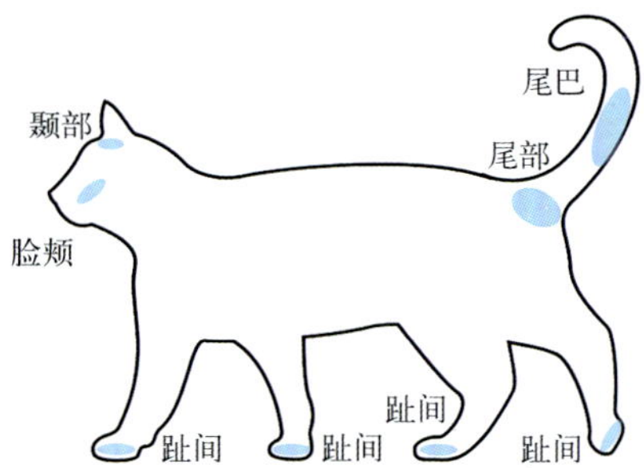

图 2-2　猫的气味腺

七、灵活敏捷

猫的平衡力、协调力、灵活性和力量都完美地组合在一起，这让它们能够悄无声息地捕猎和躲避危险。它们能很好地利用三维空间，跳跃到高处，俯视勘察自己的地盘，也可以钻到人类难以进入的地方。在室内，为猫提供垂直空间和水平空间同样重要，垂直空间除了能大大提高空间利用率、增加活动空间外，也可以为猫提供独享的空间。

八、情绪化

猫无法像人和犬一样通过面部表达情绪和感情。在面对不同的情景时，猫所感受的情绪一点都不比其他动物少，它们会恐惧、会愉悦、会沮丧，然而它们无法通过语言及面部表情表达情绪，但会通过一些肢体语言来表达情绪，读懂猫的肢体语言才能明白猫想与人类沟通的内容。

情绪健康也是健康的重要组成部分，人类常常因无法体会猫的感受、无法理解猫的习性而经常忽略猫的情绪，只有当我们逐渐站在猫的角度上思考“如果我是一只猫，这个情景，我会有什么样的感受，产生什么样的情绪？”尝试去理解猫的习性、尊重猫的情绪，才能保证猫的健康。

九、适应力强

猫与人类共同生活了一万余年，经历了人类不同的发展阶段，生活环境不断变化。猫虽然保留了很多祖先的传统，但其可以在各种生活环境和社会环境中生存和茁壮成长，证明了其适应能力确实比较强。食物和环境资源富裕时它们可以群居，可以适应多猫家庭的生活，甚至可以适应与犬共同生活。它们知道找人类就可以获得食物，不需要在黎明和黄昏时活动、觅食。

虽然猫适应能力强，但我们仍然需要尊重猫的天性和自然行为，为其准备可躲藏的空间，让猫在面对压力时有较多选择的余地，否则可能发生我们不希望看到的行为，如感到不安出现的尿液标记行为，面对威胁想要躲藏却并无退路时出现的嘶吼、挥拳等表达排斥的行为。

十、受早期生活经历影响较大

猫的行为受遗传、环境及其经历影响。幼年 2 ～ 7 周龄是猫最关键的学习阶段，在此期间尽量多地接触不同的人、事物、环境，能帮助猫更快地适应人类社会以及学习与人类的互动。确保及时奖励积极、良性的行为，让猫意识到什么行为是会被奖励的，什么行为是不被奖励的。避免对猫打骂和大声呵斥等消极行为，这些会被猫当成威胁，从而会触发猫的保护性情绪，它们会觉得需要自己保护自己，首先会选择逃避，如果无法逃避时可能会采取进一步的嘶吼、挥拳等排斥行为。这些行为都是人类不希望看到的，但对猫来说它们只是想保护好自己而已。若在早期与人类的生活中，存在过多消极情绪和经历，猫长大后会自然而然远离人类，反之亦然。

良好的早期生活经历对猫的一生有着深远的影响，设立“幼猫学堂”、提供客户教育，能够帮助宠主明白此阶段的猫需要何种行为学习、训练，有助于建立和谐的人猫互动。为幼猫提供良好的社交和玩耍经历，缓慢接触和适应人类家庭中不同的噪声、人、宠物，甚至转换环境、出门旅行等，让幼猫提前接触到不同的情景，让这一切变得不那么“可怕”。当猫觉得过于紧张害怕时，可以提前结束这些情景接触，让猫拥有一定的可控制、可选择的能力。

第三节　猫的社交结构

社交行为通常涉及同种个体间的直接互动以及沟通。对于哺乳类动物来说，社交行为的本质包含了求偶、抚养幼崽、标记领地以及领地保护等行为。猫大多数以独居的状态生存，在野外的环境下，每只猫都会有各自不同的领地，并且互不侵犯，虽然有些许社交性，但又不太喜欢社交。户外生活的猫，获取食物的方式是独自捕猎，猎物皆为小型鸟类、啮齿类、昆虫类等。由此可见，它们捕猎的模式就决定了其社交特点——猫能够过自给自足的生活。

猫还拥有一种弹性的社交系统，能够根据不同的情况而单独生活或者群体生活。在食物充足的户外环境下，有血缘关系的母猫会选择聚在一起群体生活，它们将应付成员间发生的冲突，建立且维持友好的关系，使其中的每一个成员在群体生活中能够获得更大的利益。在猫的社会群体中，整个群体是友善的，它们彼此间能够容忍群体成员的存在，对于不熟悉的猫则表现出攻击性。成员通过友好行为来建立关系，并通过敌对行为来保护群体、抵挡入侵者。群体生活的优点在于群体成员对所属领地中的资源有控制权，群体内会有更多同伴觅食、处于哺乳期的母猫可能会帮其他的母猫哺育幼猫、母猫们找到配偶的概率会更高以孕育更多后代来维系种群的稳定、更多同伴在一起猫群的安全性会更高；缺点在于群体成员无法平等的获取资源，群体中的母猫找到配偶的机会各不相同甚至有可能没有繁育后代的机会，生活在领地外围区域的猫比生活在核心区域的猫遭遇危险的概率更高。

家猫群体具有典型的母系社会特征，公猫的任务只是参与交配，之后它们会四处游荡，不与自己的家庭和后代一起生活。母猫们如果聚在一起生活，其中一只母猫外出猎食时，其他母猫会帮助她喂养小猫，接受多只母猫的母乳又可以增强小猫的免疫力，使更多的小猫存活下来。猫的发情周期受周围环境影响，群体生活的母猫，发情期基本同步，这有助于保持种群数量稳定。

大多猫科动物都属于独居动物，社交行为局限于防御领地、辨识配偶和抚养后代，但猫的社交模式比较独特，它们大多喜欢独居，少数猫也会和同类形成社交纽带，猫并不属于高度社会化的动物。猫会通过社交行为来增加或减少与群体内成员的接触。互相理毛、磨蹭、躺在一起等友好行为，可以增加社交群体内成员之间接触，友好行为有助于产生群体气味、有助于群体中成员辨识和接受。凝视对峙、嘶叫、咆哮、攻击等敌对行为，可以减少个体间接触，同一个群体中的猫或外来入侵的猫之间都可能出现敌对行为，敌对行为可以让猫与猫之间保持较远的距离，回避和长时间的对峙往往是猫与猫之间出现敌对行为最初的表现形式。

第四节　猫面对压力时的行为表现

与户外的猫相比室内生活的猫往往会因为需求不被满足、生活环境复杂、外出就诊、多猫一起生活、资源匮乏等因素产生压力。然而，猫十分善于隐藏，我们往往不会及时发现猫已经感受到压力，从而使压力逐渐累积，最终导致猫出现行为异常甚至影响健康。

我们最常见的是当猫感受到恐惧、威胁、出现挫折感时产生压力的情况，此时猫会产生保护性情绪，甚至出现保护性行为，其目的是保护自己不受某人或某事的伤害。猫对恐惧的反应通常很微妙，特别是变换了新的环境或者到医院就诊时，感到恐惧的直接反应是躲藏、转身走开、离开危险的区域；无法逃走的猫会选择蹲伏在角落（图 2-3）；而那些表面平静但僵住不动的猫其实是非常恐惧的，它们丧失了本能反应（图 2-4）；恐惧会让猫的身体变得紧绷（图 2-5），猫会把自己缩小，后倾、把头放低、保持不动；对抗性情绪的猫会把自己变大，弓背、竖毛（图 2-6）；那些看似灵活的猫也会出现细微的改变，如耳朵频繁变换方向、尾巴抽动、瞳孔扩张、耳朵变平或朝后。

当猫处于多猫或者恶劣的生活环境下，及时发现猫受到威胁时的行为十分重要。通常我们会发现它们的探索行为减少；

图 2-3　无法逃走而选择角落蹲伏的猫

图 2-4　丧失本能反应、僵住不动的猫

图 2-5　恐惧且身体紧绷的猫

图 2-6　出现对抗性情绪的猫

当人成为威胁的时候，猫会只在夜间移动；压力持续增大又得不到缓解的猫，将会出现减少游戏或不再玩耍的情况；猫会出现放慢动作的谨慎行为；仅在有限的范围内移动，并总是保持警惕；承受巨大压力的猫会表现得很困，让宠主误以为猫变懒了。

当猫无法承受压力，且回避和撤退失败时，猫的行为就会变得更加明显。它们会发出咆哮或哈气（图 2-7、图 2-8）、身体开始颤抖和畏缩、呼吸急促。提前辨识猫出现了压力（图 2-9、图 2-10、图 2-11），进行降低压力的操作，能有效降低猫因压力而产生的不良反应。

图 2-7　哈气的猫

图 2-8　咆哮的猫

图 2-9　出现对抗性行为的猫

图 2-10　防御性攻击的猫

图 2-11　紧张的猫

第五节　猫的问题行为

问题行为是指宠主不希望猫出现却出现，甚至频繁出现的行为，通常是生物体本身特有的行为，而非病理因素所导致的行为。常见的问题行为有标记行为、抓挠家具、夜间大叫、捕食猎物、伏击主人、不恰当游戏、猫间霸凌及攻击、攀爬跳跃等。

一、标记行为

标记行为是猫使用频率最多的社交方式，经过长期的进化依然是猫获取信息的主要来源。尿液标记通常与发情期、宣示领地主权有关。虽然尿液标记常常给人带来困扰，但从猫的角度来看，是成年猫之间正常的交流行为。标准的标记姿势是猫背对着被标记物、尾巴竖直向上、将

图 2-12　出现标记行为的猫

尿液喷至垂直表面（图 2-12），与此同时尾巴颤动、后肢踏步，标记时尿量往往较小，水平面标记则是以蹲姿来进行。虽然公猫的标记概率远远高于母猫，但在发情期、关系紧张的多猫环境内，出现压力的猫均会出现标记行为。大部分尿液都出现在具有社交意义的区域，但因为和宠主的生活区重叠，令很多宠主苦不堪言。

绝育有助于改善猫的尿液标记，但并非 100% 有效。唯有找到产生标记行为的原因，移除压力源，才能够有针对性调整并解决目前的状况。

二、抓挠家具

抓挠行为最主要的成因是猫通过抓挠制造出明显的视觉信号进行标记，抓挠便于标识领地，并留下供其他猫接收的信息；其次抓挠有助于猫去除前爪上变钝的外爪鞘。针织物表面、沙发、转椅、地毯等都被猫视为理想的抓挠材质，猫在一天中可能会单次或多次进行抓挠，猫在情绪亢奋时会更容易出现抓挠行为，久而久之对于家具的破坏可想而知（图 2-13）。

图 2-13　抓挠沙发的猫

使用已经标记过的物品覆盖在希望保护的物品上，能降低猫抓挠的破坏力；使用人工合成猫面部信息素喷雾也有助于减少抓挠；最明智的方法是引导猫使用猫抓板或者猫抓柱，猫抓板或猫抓柱的高度及宽度应与猫的身体长度相匹配。

三、夜间大叫

与户外生活的猫相似，室内生活的猫依旧沿袭着昼伏夜出的节律，再加上宠主白天外出工作，猫有大把的时间用来睡觉，致使很多猫在傍晚至清晨的时间段非常活跃。幼龄猫和年轻猫表现更为突出，它们会在宠主回到家后醒来、进食、饮水或游戏，在夜晚不会和人同时入睡，夜间可能出现伏击睡梦中的人、爬上家具、“跑酷”、将物品从桌上推落等恼人的行为。大叫是猫夜间高发的行为，但应排除潜在的疾病，如甲亢、疼痛、老年猫的认知衰退等。

为减少猫夜间大叫等行为，应合理安排猫白天的活动，每天为猫提供足够的运动量，如互动游戏（图 2-14、图 2-15）或者外出探索等，日常准备自助玩具和益智玩具等多种玩具，与猫互动的时间不低于 40 分钟 / 天，每次互动游戏时间以 5 ～ 10 分钟为宜，在人入睡前尽量为猫提供释放精力的机会。

图 2-14　用逗猫棒与猫玩耍互动

图 2-15　玩羽毛类逗猫棒的猫

四、捕食猎物

捕猎是猫与生俱来的技能，也是它们赖以生存的求生手段。即便提供了充足的食物和水、舒适的休息区，依然不能消除猫的捕猎欲望，能够外出的猫经常会叼着猎物回到家中（图 2-16、图 2-17）继续练习捕猎直至将其吃掉。进入室内生活的猫，依旧有着强烈的捕猎欲望，环境管理的结果是影响猫是否出现捕猎的重要一环。减少或消除猫见到真正猎物（如壁虎、蟑螂、小鸟等）的机会，能够有效地消除猫的捕猎行为，日常尽可能保证猫充足的运动量是非常必要的。

图 2-16　猫叼着逗猫棒“猎物”

图 2-17　叼着玩具的猫

五、伏击主人

伏击主人在幼龄猫中发生的频率更高，这种行为可以追溯到猫的早期社会化过程中与同窝小猫或母猫的社交游戏。由于大多数猫都是在幼龄期进入新家，并与宠主有着长时间的相互陪伴，这种行为便会延续下来，而后随着幼猫捕猎技能的不断提高，逐渐形成了一系列完整的狩猎程序，猫的狩猎行为以伏击为主要手段。猫会悄悄潜伏在靠近猎物的地方，等待合适的时机进行袭击。这种策略充分发挥了猫的敏捷性和爆发力，使其能够迅速抓住猎物，增加捕食的成功率。在发动进攻时，猫会迅速扑向猎物，利用锋利的爪子和锥形的牙齿对其进行捕捉和制服。猫的爪子具有可伸缩性，这使它们能够更好地抓住猎物并保持平衡。同时，猫的牙齿结构适合咬断猎物的颈部，这样就能够迅速使猎物失去战斗力。在伏击主人时，猫的行为与狩猎极为相似，原因是作为猎手，即便在富足的生活中，它们也需要不断精进捕猎技能，所以练习非常重要，再加上室内猫的生活往往是一成不变、简单乏味的，出于游戏需求或释放精力的需求，猫会习得伏击主人的互动形式。

让猫学会与人互动的正确方式，最佳的选择是使用逗猫棒，给喜欢啃咬的猫提供啃咬玩具（图 2-18、图 2-19），能够改善猫伏击甚至啃咬宠主的习惯。运动量严重不足，是当今国内室内猫普遍的现状，所以应该合理安排猫白天的活动，每天给予猫足够的运动量，日常准备多种玩具供猫玩耍（图 2-20）。

图 2-18　啃咬玩具的猫

购买球类玩具的宠主不在少数，移动灵活又圆滚滚的造型能让猫欲罢不能，球类玩具

图 2-19　啃咬拉菲草植物类玩具的猫

图 2-20　不同类型的猫玩具

可以让猫自主玩耍（图 2-21）。给每只猫一天多次捕猎的机会，交替使用不同玩具，猫就能一直受到刺激并乐于捕猎（图 2-22、图 2-23）。用玩具与猫玩耍时不要让玩具旋转，要模拟猎物的运动，要把玩具置于远处，要让猫在远处观察以模拟捕猎的观察阶段。用逗猫棒时，动作要时而快速、时而缓慢、时而静止，偶尔让玩具消失在家具后面或沙发下以模拟猎物的运动。

图 2-21　玩羊毛球的猫

图 2-22　追逐逗猫棒的猫

图 2-23　玩羊毛类啃咬玩具的猫

六、不恰当游戏

自然状态下，幼猫出生后会与母猫和同窝小猫一起生活，它们进入社会化阶段后就会开始开展自己的游戏行为，起初是漫无目的地跑动、跳跃、翻滚，这些行为有助于幼猫脑的发育，增强身体的平衡性、协调性。猫 8 周龄后，游戏行为会逐渐发展成社交游戏，我们会发现幼猫之间会相互追逐打闹（图 2-24），游戏行为在约 12 周龄时达到高峰。

图 2-24　幼龄猫之间的游戏行为

猫 8 ～ 12 周龄时是对人产生玩耍性攻击的高发期。现代家养猫的生活环境中，幼猫往往在满月后就离开了母猫，同时也缺少同窝幼猫的互动，如果宠主在这一阶段不能很好地把猫的游戏行为引导到猫玩具上，而且经常用手与猫互动，就很容易成为幼猫游戏性攻击的对象，有些猫还学会了咬手来试图引起宠主的注意。

条件允许时，应尽量延长社会化期间幼猫与母猫及同窝幼猫共同生活的时间。宠主应杜绝用手或脚等肢体以任何形式去逗猫（图 2-25、图 2-26），同时要尽快让猫去习惯抓咬玩具，注意不要和猫玩捉迷藏游戏。

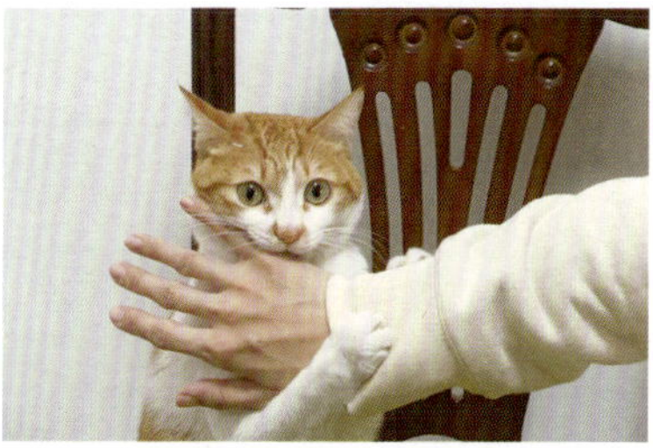

图 2-25　正在啃咬宠主手的猫

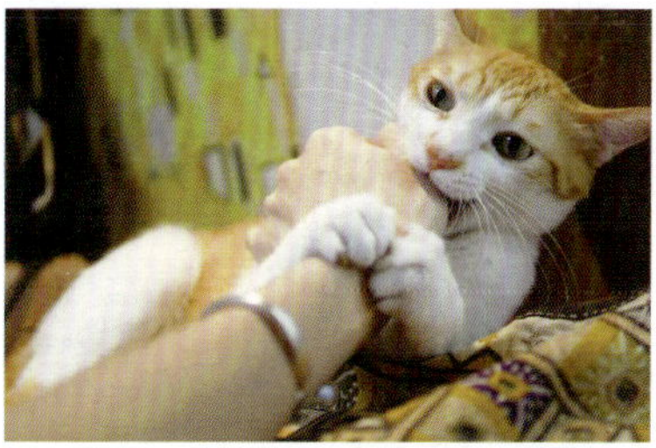

图 2-26　用手逗猫玩

七、猫之间攻击及霸凌

我们普遍认为猫是独居动物，常常看到猫独自行动，对领地的管控欲非常强，若有其他猫入侵或不慎误入它们的领地，他们一定会想方设法赶走入侵者。

攻击行为是猫之间发动的用以伤害或吓退同种或异种个体的行为，其目的是获取食物、保卫领地、争夺配偶等；攻击的对象可为异种个体，如捕食者向猎物发动攻击；也可为同种个体，如领地的占有者驱逐侵入的同种个体、求偶时同种的公猫互相角斗、社群中不同公猫间为占据优势地位而攻击对方等。猫会用前掌攻击对手，并使用牙齿撕咬（图 2-27、图 2-28）。

图 2-27　猫用前掌攻击

图 2-28　猫互相攻击

共同生活的猫与猫之间还会因为掠夺资源而出现互相欺负的行为——霸凌行为。如同人类间的霸凌行为一样，猫的霸凌行为不限于身体还包括精神上的霸凌（图 2-29），霸凌者及被霸凌者产生的刺激是双向的，虽然从霸凌与被霸凌的双方来看，总有一只处于优势，然而猫的社交模式中并不存在阶级地位，也并非建立在支配或服从之上。

图 2-29　左侧的猫正在对猫箱中的猫进行霸凌

猫之间的攻击和霸凌行为在多猫家庭中十分常见，但宠主往往会忽略猫的反应，让猫处于持续压力下。环境管理是必要的手段之一，如在室内设置安全屋，打断猫之间的攻击甚至暂时隔离开，在室内增加更多的垂直空间，将进食区、饮水区、排泄区分开（图 2-30），严重时需要进行多猫的重新引入。对于霸凌者，需要增加其进食的时间、安排其他活动、学习新行为来减缓对被霸凌者的干扰，对于被霸凌者则需要布置多个进食区、排泄区、休息区及躲藏区来缓解多猫压力。

图 2-30　房间内根据猫的活动路线开发立体空间示意图

八、攀爬跳跃

高处能够为猫提供安全感，又可以很好地观察地面环境中的优势区域（图 2-31），满足猫作为猎物时的躲避需求；而作为一位优秀的猎手，猫又能在高处看到附近的猎物。即便生活在室内空间，猫

图 2-31　猫喜欢在高处眺望

依旧会在需要安全感或不想被打扰的时候，跳上高处寻找房间中的优势空间。攀爬是猫作为猎手必须日常修炼的技能，即使不需要狩猎果腹也会反复练习以保持作为猎手的最好状态。宠主并不希望猫在家中飞檐走壁，也不希望猫跳上灶台或高处的卫生死角。

通过在家中增加舒适、高度适当的猫爬架从而为猫提供高台（图 2-32），使用食物或玩具引导猫爬上猫爬架，从而让猫待在宠主希望它们停留的地方，这不会让猫产生额外的压力还能让猫产生愉悦感。

图 2-32　通天型猫爬架

第三章

猫友好的就诊经历

猫一生中或多或少都会有出门就诊的经历，而这对宠主和猫来说都是很糟心的事情。试着从宠主和猫的角度去看待出门就诊这件事，理解和体谅他们，从预约时就开始猫科诊疗工作，了解沟通技巧，做好就诊的前置沟通和客户教育，让宠主了解如何做就诊前的准备，减少人和猫的压力，让他们拥有猫友好的就诊经历。

第一节 就诊给猫及宠主带来的压力

无论是一直在室内生活还是平时有自行外出玩耍的猫，出门就诊无疑是一件违反猫自身意愿的事情，猫不明白为何会被强迫出门，暴露在一个陌生的环境中，而且还有陌生人对自己动手动脚。出门就诊时猫会感到恐惧、紧张，面对种种压力源和压力的持续叠加，猫很可能出现如僵住、回避、反抗等保护性行为。

对很多宠主来说，带猫就诊也是一件很有挑战性的事情，甚至是一个非常痛苦的过程。他们需要在家里抓到猫，把它塞进猫包，提着猫包乘坐交通工具到达动物医院，在路途中宠主可能会听到猫不安地嚎叫，甚至要控制坐立不安想挣脱逃跑的猫。这对人与猫来说都是非常有压力的事情，到达动物医院时他们可能就已经精疲力尽、心烦意乱了，这也会让兽医的诊疗工作变得更加困难。兽医以及动物医院的工作人员需要理解宠主带猫出门就诊时所面对的困难，知道需要采取什么措施来减少宠主和猫的压力。

猫友好的工作早在猫与宠主踏进医院大门前就应该开始了，因为就诊前宠主可能会先进行电话或微信咨询，然后进行预约。在这个最初的阶段，很多做法能让宠主感到轻松并有助于减少带猫就诊的压力，如最先接触到宠主的接待人员向其提供最佳的带猫出门的方法建议，会给猫与宠主带来非常积极的影响。在最初与宠主的交流中要进行客户教育，让宠主了解猫出门就诊时所面临的巨大挑战，例如：陌生的猫笼或猫包；陌生的乘车旅程；路途中及在动物医院中遇到的奇怪的景象、噪声和气味；陌生的人和动物；在陌生的环境中被陌生人检查；可能会进行手术并住院；就诊回家后与其他猫相处。

工作人员从一开始就要为宠主提供建议与帮助，告诉他们带猫就诊最佳的方式、购买猫笼或猫包的款式（顶部可以掀开的猫笼、通风而不会过于透明的猫包）、如何让猫熟悉和接受猫包、如何在路途中确保安全与减少应激等，这将大大减少人和猫的压力。

所有宠主都是非常爱猫的，但是未必所有人都能正确地表达对猫的爱，作为猫友好医院的员工，有义务向宠主提供正确的指引，客户教育是很重要的一环，让宠主站在猫的角度去思考，无论是家中的环境布置、家庭护理，还是带猫就诊进行预防医学保健，都值得广大兽医同行去努力向宠主介绍。

第二节　预约就诊

猫就诊提倡预约制。预约提供了一个非常重要的就诊前沟通机会，让工作人员了解本次宠主带猫就诊的主要目的，为猫和宠主提供前置服务，例如宣传如何正确带猫出门以减少猫的压力、提醒宠主准备好患猫之前的病历资料、告知就诊时的注意事项等，同时可以合理安排接诊时间以减少猫和宠主的候诊时长，动物医院工作流程也会更加顺畅。对于接诊不同物种的动物医院，也可以将犬、猫就诊时间段隔开，甚至在预约时可进行预先分诊，合理安排时间、人员以及使用的空间。

大部分预约工作由前台接待人员完成，其内容包括：了解猫的就诊目的、初步了解猫的情况、给予意见和建议、进行客户教育、预约时间和预分诊，该项工作有时候可能需要兽医助理或者兽医的协助，因为偶尔会涉及专业上的建议。

一、了解猫的就诊目的

现在有很大一部分宠主在带猫出门就诊前或者不确定是否需要就诊时，都会通过电话向动物医院咨询。所以接待人员在收到咨询请求时首先要了解宠主是处于咨询意见的阶段，还是有带猫出门就诊的需求，是给患猫预约看病、体检，还是预约生理性手术。面对咨询爱猫养护知识的宠主，需要耐心地答疑，给予指导并帮助判断是否需要带猫出门就诊，必要时寻求兽医或兽医助理的协助。

二、初步了解猫的情况

了解完就诊目的后，需要初步了解患猫情况以及宠主信息，例如患猫信息（昵称、年龄、性别、绝育与否、免疫驱虫情况、生活方式、是否为多猫家庭）、主诉发病的症状与过程、已做过何种治疗 / 处理、宠主姓名与电话。

宠主拍摄患猫发病时的照片与视频，对于兽医的医学诊断是相当重要的，甚至可能是唯一的判断依据，毕竟患猫就诊时可能不会表现出之前宠主在家观察到的症状，或者就诊时宠主无法准确描述患猫的症状。所以“遇事千万不要慌，先拿手机先拍照”是宠主们要养成的习惯。

三、给予宠主意见和建议

基于初步了解的患猫情况，可能会建议立马就诊、择期就诊、继续观察等不同的做法。

对于判断为比较紧急的情况，需要建议宠主立马带患猫就诊，并告知在路途中的注意事项。例如呼吸急促的患猫，要提醒宠主在带猫出门的过程中尽量避免让猫过于应激而增加耗氧量，也可以携带便携式的氧气袋供氧；高楼坠下的患猫，要指导宠主如何利用纸箱、木板或猫包等进行平稳的转运。

对于绝育手术、洁牙手术等择期手术的预约，需要告知预约手术的患猫身体条件，可能需要进行相应的术前检查，提醒宠主给猫进行术前的禁食禁水，可能需要提前备好伊丽莎白圈，甚至让猫提前缓慢适应佩戴。对于转诊病例，需要提醒宠主准备好患猫之前的病历资料和检查结果，可按照时间顺序整理好发病经过，以免就诊时遗漏资料而影响诊断，工作人员应指引宠主如何进行资料整理。病史资料可在预约咨询时发到转诊医院，让兽医提前了解以做好充分的接诊准备。

有时面对患猫突发情况，宠主并不清楚是何种问题，不确定是紧急情况还是非紧急的，会感到恐惧、无助、不知所措。接到咨询的工作人员应具有强大的同理心并及时回应，引导宠主提供足够的信息，判断是否为紧急情况，是否需要立马就诊，或建议在家继续观察，具体观察什么内容，或者在家要作何种处理等。例如第一次见猫咳嗽的宠主，可能会以为猫是在呕吐、吐毛球、干呕、异物/食物卡在喉咙、呼吸困难等，此时拍到患猫发作时的视频将会有很大的帮助。若确定是咳嗽，确认为非紧急情况时需要安慰受惊的宠主，莫慌张，患猫就诊与否取决于发病频率，接着了解宠主是否能观察到患猫咳嗽的频率，提示记录患猫发病的病例日志，包括咳嗽具体日期与时间、持续时长、可能的诱发因素，多拍发病时的视频，这些都对兽医诊断有很大的帮助。又例如患猫精神变差，甚至出现呕吐，负责回复咨询的工作人员应有足够的专业敏感度，意识到可能是比较严重的情况，需建议尽早带猫就诊，甚至可询问一些常见疾病相关的问题，例如免疫情况、大小便等情况，获取的信息越多，更有利于就诊前的预分诊，接诊医生也会更加心中有数。

四、进行客户教育

兽医领域的客户教育是指通过向宠主传授相关知识和技能，帮助他们更好地理解和管理其爱宠的健康状态，包括了提供关于疾病预防、治疗方法和健康饲养方式的指导等，本书仅讨论与猫友好相关的部分。

1. 让客户理解带猫出门有困难的原因

预约阶段进行的客户教育主要是围绕如何带猫出门以及让客户更加理解猫、站在猫的角度思考，毕竟猫不知道为何突然要被迫离开熟悉的地盘，面对陌生的人和事，难免恐惧、焦虑，宠主面对猫的抗拒可能很难应对，所以一些带猫出门的准备工作需要事前与宠主沟通，例如转运笼（猫包 / 航空箱）的选择，如何让猫提前适应转运笼，对于拥有幼猫的宠主，甚至需要与其讨论猫的幼年社会化训练。对宠主来说，突然接收到许多新的资讯可能会不知所措、难以适从，此时工作人员与宠主交谈时把重点指出后，可提供多种途径 / 渠道的学习资源，例如电子海报、长图、网络推文、小册子等资料，让宠主之后可以慢慢学习。

猫的早期经历造就了猫的性格，若能在幼年时期与人类愉快相处，大多数猫成年后都会喜欢与人类相伴，反之，幼年期与人类有不愉快的经历，该猫之后也可能对人类持有谨慎对待的态度，不亲近，甚至躲避人类。

2. 带猫出门的注意事项

（1）转运笼（猫包 / 航空箱）的选择。

① 坚固、透气、不透明，猫在里面不会打开转运笼而逃跑的。

② 若选择纺织材料的猫包，应选择能固定成型的，可以撑起来不会压到猫的（图 3-1）。

图 3-1 纺织材料的猫包需要能支撑起来

③ 若选择航空箱，应选择上半部分可以打开的或者同时有天窗、侧门以及上半部分都可以打开的（图 3-2、图 3-3），就诊时比较容易操作，而对于只有一个侧门的箱子，在就诊时如果猫不愿意出来，操作起来会较为困难（图 3-4），甚至可能需要把猫强硬拉扯出笼，增加猫的恐惧感。而上半部分可以打开的箱子，猫则可以继续窝在箱子的下半部分接受检查，不需要被迫离开箱子（图 3-5、图 3-6）。有些箱子上下两部分用螺丝固定，若将其分开则需要逐个拧开螺丝，在就诊时这样的操作会比较费时间，所以最理想的航空箱是箱体坚固，上半部分可以快速打开的。

图 3-2 带有“天窗”的航空箱

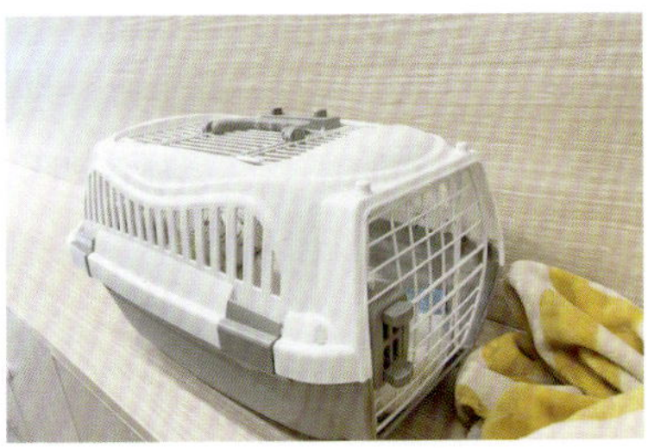

图 3-3 上半部分可以掀开的航空箱

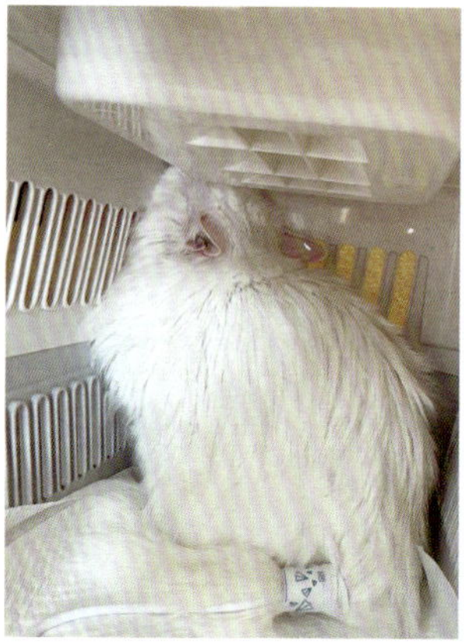

图 3-4　只有侧门的航空箱可能很难接触到猫

图 3-5　上半部分可以打开的航空箱

图 3-6　顶部可以打开的猫包

④ 所选择的猫包或航空箱，猫可以感到安全地躲藏在内，但是透气性要良好，不建议选择过于透明或透气性差的猫包或航空箱。如果担心猫包的网格或者航空箱的透气洞会让猫看到外面而感到害怕、没有安全感，可以在外层盖上毛巾（图 3-7），或者在里面加个布帘遮挡（图 3-8、图 3-9），放上平时使用的毛毯、玩具以增加熟悉的气味（图 3-10）。

（2）让猫提前适应转运笼（猫包 / 航空箱）（图 3-11）

① 把转运笼放在家里当作是新家具，打开箱子上半部分的盖子，放在猫的休息区；

图 3-7　在航空箱外再盖毛巾遮挡视线以提供安全感

图 3-8　透明猫包增加布帘遮挡

图 3-9　透明猫包在内部增加布帘进行遮挡

图 3-10　航空箱内垫好平时用的毛毯和放入猫喜欢的玩具

② 不要给猫任何压力，让它自己去探索这个新东西；

③ 把猫平时用的毯子、窝、玩具放到箱子里，附近放些它喜欢的零食、玩具；

④ 跟猫在转运笼附近玩耍，让它习惯其存在；

⑤ 等待猫自己进入转运笼里睡觉、休息，或者在附近进食，千万不要强迫猫去接触转运笼；

⑥ 尝试盖上上盖，但不要吓到猫，若猫感到不安，会自行离开转运笼，不要进行阻扰，拿走上盖；

⑦ 等待猫适应盖上盖之后，再尝试关上侧门，但是若猫感到不安，要立马打开；

⑧ 多次尝试，逐渐增加猫关在转运笼里的时间；

图 3-11　训练猫使用猫包 / 航空箱的步骤

⑨ 建立积极的条件反射，当猫做出你希望它做的事情，要及时给予零食鼓励。

（3）在家如何让猫进入转运笼

① 确保猫适应了转运笼；

② 转运笼可以提前 15 分钟喷猫面部信息素，放好猫平时用的毯子、窝、玩具，或者零食、猫薄荷等；

③ 跟猫进行互动，然后缓缓抱起，突然地抓猫或者动作特别快地抓起猫会吓到它；

④ 从转运笼的天窗放进去的时候，一手托着猫的屁股（注意尾巴是收起来的，否则会卡到尾巴），另一只手托着猫的胸部或者顺便固定两只前爪，可以选择猫的尾侧先进去，然后头再进去，也可以选择头侧先进去，具体视情况而定，但是关天窗的时候要小心不要打到猫头或者夹到猫尾巴；

⑤ 从转运笼侧边进去，可以尝试诱导猫自己进入，这是最理想的，可以轻轻地推猫屁股使其进去，然后关门，也可以倒着推它进去，也可以抱起来让它尾巴先进去；

⑥ 如果猫开始挣扎，可以用毛巾裹起来，然后一起放到箱子里面；

⑦ 最后在箱子外盖上毛巾。

（4）去医院途中的注意事项（图 3-12）

① 在家可以模拟路途中的颠簸，让猫先适应，例如将猫放入转运笼里然后提起来、放下、提起来走一走、放下，其间需要多次给予正向（积极）的鼓励，让猫知道这样的操作其实是好事情，有东西吃；

② 先预约，再出门；

③ 出门前不要吓到猫，如上述所说把猫放到转运笼里，实在难以操作或者猫已经对转运笼有非常抗拒的情绪，可以在出门前 1 ～ 2 小时给予加巴喷丁（抗焦虑药），详情需要先咨询兽医；

④ 路途中尽量保持平稳，拿起转运笼行走时尽量双手抱于怀中，不要晃来晃去，否则猫在转运笼里会感到非常颠簸；

⑤ 在车上不要开太大声的音响，可以选择小音量播放柔和的音乐，如轻音乐、古典音乐，避免摇滚、重金属音乐；

⑥ 猫需要待在转运笼里，否则容易被吓跑或者影响行车安全，转运笼在车上也要绑好安全带；

图 3-12　带猫外出路途中的注意事项

⑦ 用毛巾遮盖转运笼，但是路途中要查看猫的状态，如果是炎热的夏天，毛巾盖太紧密会通风不良，需要适时通风。

（5）就诊后回家的注意事项

① 猫出门就诊回家之后可能依然会很紧张、害怕，给予一定的时间与空间，让它平静下来，不要经常去打扰它；

② 转运笼、毯子、玩具等物品带有医院的气味，而且猫在紧张、恐惧时留下的趾间信息素附着于这些物品上，对猫而言也是危险的信号，回家后这些物品需要进行清洗；

③ 如果家里有其他猫，因为有不同的气味，需要先与其他猫分开，让出过门的猫先重新适应和回忆一下家里的环境，然后交换一下猫之间的气味。例如，让出过门的猫先蹭一下家里其他猫用过的物品，其他猫先闻闻出门猫的气味。最后让它们重新接触的时候，保证宠主在场，及时阻止不愉快事件的发生。

五、预约时间与预分诊

询问宠主期望的到达时间，填写预约信息登记表（表 3-1），根据医院的预约表进行时间安排，其中需要根据预约内容预估所需就诊时间，也需要了解预约医生的接诊时间和顺序，进行合理调配。预约时初步了解就诊目的，对于预分诊的工作是很有帮助的，例如宠主认为猫有脱毛和瘙痒的情况，则应安排皮肤科医生接诊；患猫需要定期复查肾脏疾病的，应预约内科医生接诊或预约曾经接诊过的、更为了解病情医生；若主诉为跛行的，则考虑安排外科医生接诊，有序且合理地安排接诊医生。当然，若宠主有指定医生的，则根据宠主的意愿及该医生的时间进行预约安排。

对于紧急情况需要立即就诊的，在电话或网络上预约沟通时需要了解基础信息，包括：发生了什么事情、何时发生的、做过什么操作、患猫有何种已知的并发疾病，以及获取宠主的联系方式和预计的到达时间，同时要安抚好宠主，指导其进行相应的操作，以免在运送途中加剧病情。在预约沟通时，需将急诊病患的信息同步给整个医疗团队，告知预计到达时间和大致情况，工作人员准备好所需的仪器、设备等，启动急诊绿色通道，宠主带猫到院后第一时间接待和处理。

表 3-1 预约信息登记表

<table>
<tr><th>宠主信息</th><th>姓名：</th><th>电话：</th></tr>
<tr><td rowspan="2">动物信息</td><td>昵称：
年龄：
免疫驱虫情况：
病史：</td><td>品种：
性别（是否绝育）：
生活史：
是否多猫家庭：□是 □否</td></tr>
<tr><td colspan="2">患猫性格：□活泼好奇 □生性敏感 □害怕出门 □其他
以往出门经历：
□良好、不反抗 □糟糕、会反抗 □没出过门 □不清楚</td></tr>
<tr><td>预约时间</td><td>日期：</td><td>时间段：</td></tr>
<tr><td>就诊目的</td><td colspan="2">□体检 □初诊 □复诊 □转诊 □手术 □咨询 □其他</td></tr>
<tr><td>主诉症状与具体预约内容</td><td colspan="2"></td></tr>
<tr><td>预约医生</td><td colspan="2">□无指定医生
□有指定医生：__________</td></tr>
<tr><td>预约科室</td><td colspan="2">□急诊 □内科 □外科 □手术室 □皮肤科 □肿瘤科
□眼科 □心肺科 □牙科 □理疗科 □其他：__________</td></tr>
<tr><td>转诊病历信息</td><td colspan="2">□已整理 □已发送 □无</td></tr>
<tr><td>医嘱建议</td><td colspan="2">□立即就诊 □禁食禁水 □建议提前吃加巴喷丁 □持续观察
□其他：__________</td></tr>
<tr><td>出门须知</td><td colspan="2">□已发送</td></tr>
<tr><td>医院定位</td><td colspan="2">□已发送</td></tr>
<tr><td>宠主其他需求</td><td colspan="2"></td></tr>
</table>

预约工作在猫友好的操作中是至关重要的，体现出工作人员的耐心以及对猫的关爱，让宠主了解到带猫出门就诊可能需要面对的困难以及应该如何应对，站在猫的角度上思考，减少猫的焦虑、恐惧。猫的抗拒情绪和行为减少了，带猫出门的难度自然就下降，爱猫不害怕不紧张，宠主也就安心了，而兽医

工作人员的工作同样会顺利不少，从而获得三赢的局面，即猫咪舒心、宠主放心、兽医顺心。所以，让宠主体验到有温度的预约是猫友好医院工作流程中的重中之重。

第三节 重视医患沟通

在兽医领域的医患关系相较于人类医学更为复杂，虽然救治对象是动物，但病患不会语言表达，生病了只能依靠宠主的观察，所有的决定权也在宠主手上，宠主是病患的代理人，所以沟通的对象应是宠主。但这种医患关系不止于人与人之间，也有人与猫之间，其中涉及宠主与猫之间的感情、宠主与兽医之间的信任，还有经济上的考量等。沟通则是医疗过程中最重要的环节，目的是建立双方的信任，兽医需要在宠主端获取患猫的信息，经过分析后与宠主进行病情沟通，获得宠主的同意后再对患猫进行治疗。

一、医患关系处理

医患关系本身就是一种不平等的权利关系，宠主没有医疗背景，需要寻求兽医的帮助，而且其中又涉及金钱交易，看似“求医者”处于弱势，但在网络发达的今天，医者可能也是“弱势群体”。医患关系，应是一种以彼此信任为基础的关系，只要有一方没有足够的信任、足够的坦诚，都会造成关系紧张或者达不到最佳治疗效果，甚至会造成医疗纠纷。譬如，宠主对兽医没有足够的信任，隐瞒病史或者不同意进行必要的检查，对于医疗诊断是很大的障碍，常常无法达到精准诊断；兽医对宠主存有猜疑、忌讳，处处想自保，并不会采取激进或较为先进的技术去治疗病患。“求医者”与“医者”素未谋面，第一次接触就要把生命托付于他人手中，没有足够的信任属实是人之常情，医者须有同理心，也永远要保持对生命的敬畏，要做到与时俱进、纵观全局、坦诚沟通、将心比心。

在动物医疗的医患关系中，猫不会说话，没有自主权，只能依靠于宠主，宠主掌握着所有的主导权。兽医需要读懂患猫的需求，了解病情的发展，把握动物福利的核心，权衡利弊，为猫代言，与宠主沟通获取其同意后对患猫进行检查与治疗。这是一种错综复杂的三角关系，三方在医疗过程中可能都对自己的角色和医患关系存在不同的看法，兽医可能会觉得：“我是医者，救猫的，很厉害”。宠主可能认为：“宠物诊疗就是一种交易关系、交易行为，我给钱了，他们给我把猫治好了就行”。猫可能只会觉得：“我已经很不舒服了，为什么还要我离开我的地盘，来到陌生的地方，被陌生的人动手动脚，我很痛，很害怕，你们都是坏人！”由此可见，兽医除了与宠主进行有效沟通之外，也需要正确地接触患猫，建立良好的关系，否则宠主也会认为自己的爱猫不喜欢这位医生，不愿意继续信任。

所以，在医患关系中，兽医要读懂猫，接触和操作时做到猫友好，也要把猫友好的概念灌输给宠主。宠主需要对兽医有足够的信任，兽医才能更容易地帮助解决问题。

二、充分了解宠主

当宠主联系兽医或动物医院时，主要有三个常见的原因：一个是爱猫生病了需要医疗帮助；另外一个是需要进行预防医学，如免疫接种、驱虫等；还有一个情况是想要获得养护知识。而此时宠主所期待的或者所寻求的结果是爱猫疾病的痊愈、爱猫无痛苦，或者是完成疫苗接种或驱虫。面对爱猫生病，宠主往往会非常紧张和焦虑，大多宠主现在把猫视为亲人、朋友，见到猫不舒服时内心也会感到很难过但又不知所措，此时宠主会缺乏安全感和感到恐惧，一些宠主可能会对未曾接触过的兽医持有怀疑和不信任的态度，而一些宠主会对兽医产生强烈的依赖。

宠主带猫出门就诊时，其实是想获得帮助、被诚恳地对待、不希望被欺骗，希望能感受到医护人员都在乎他们家的宝贝，感受到欢迎、尊重、被聆听，获得理解与体谅。

不同人的性格、知识水平、所接触的社会环境，甚至宗教信仰，都会影响人的决策和对兽医的信任程度，当然其中也涉及是否进行有效沟通从而建立相互信任的关系，也基于宠主对爱猫的感情、经济条件。一些家庭倾家荡产也要给猫治疗；一些家庭虽然有钱却不愿意花钱在猫身上；一些家庭可能只有其中一个家庭成员愿意把时间、精力和金钱花在猫身上，并且还要面对其他成员的不理解；一些宠主可能无法理解医学的局限性，认为花钱了就一定会治疗好，治疗不好就是医生无能或者欺骗，也有一些宠主能接收重要的医疗信息并理解，对医生有足够的信任，共同进行临床决策。作为兽医，在与宠主沟通的时候需要了解宠主对猫的态度、宠主选择的倾向性，正确引导宠主尽量让其选择猫所需要的检查治疗。

三、与宠主沟通的技巧

1. 兽医的医患沟通

有效的沟通是建立信任的桥梁，兽医从宠主处获取患猫的信息、疾病的发展过程等，便于诊断病因与实施治疗；宠主通过医患沟通获取疾病的资料，了解爱猫的病情；通过沟通，可以传递医护人员对患猫的关爱，建立良好的医患关系。当然，兽医领域的医患沟通其实还包括兽医与猫的接触和沟通。

沟通的内容除了患猫的病情以外，检查治疗等费用也是非常重要的内容，因费用问题产生的矛盾和纠纷并不少见。因此，需要让宠主清楚每项费用，并提供每天的消费明细，必要时以书面形式告知。当实际费用超过预估时，应提前告知客户并做出解释，得到同意后再执行相关操作。

2. 你所表达的跟对方接收的信息可能存在巨大的差距

沟通时，你想说的跟你真实说出来的，可能存在一定的差距，而且你说出来的跟对方所理解的可能又不一样，对方理解后能记住的又可能更少（图 3-13）。又或者，你说出的内容，对方接收的时候会理解错误，或者无法理解但又添加其他自认为的内容，“脑补”了一些你并没有说过的内容，甚至对方输出的内容与你所说的相反。因为在很多时候，人类接收信息时，对于超过理解范围的信息或者持有自己想法时，就无法准确地传递信息，中间可能存在很多遗漏甚至曲解。

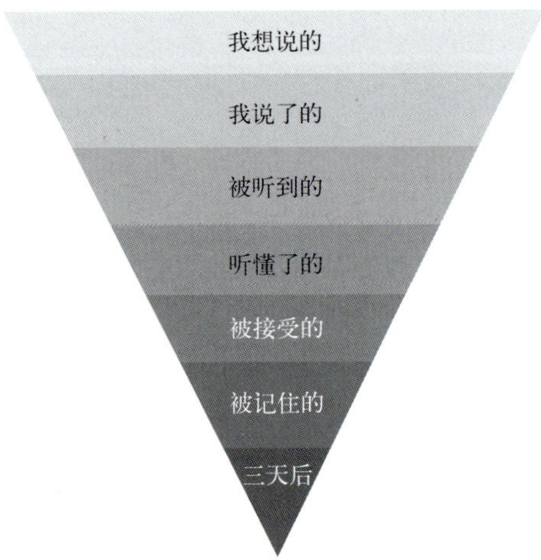

图 3-13　沟通时说出的与接收的信息存在着巨大差别

3. 不同的心态对有效沟通的影响

处在不同的立场，不同的角色，可能存在着不同的心态，譬如医生可能会想：我都说了这么多遍了，怎么还不懂；你又不是医生，听不懂的，照着做就行；小事情别大惊小怪的；你是医生还是我是医生，怎么这么多意见呢；我说了你做不了是你的事情；签同意书就代表理解了；任何手术都有风险，这是常识啊！宠主可能会想：这医生怎么什么都不能确定啊，到底行不行；说了一大堆听不懂的，我又不是医生，我哪懂啊；一会儿有这样的可能性，一会儿又有那样的可能性，那我到底要怎么做呢；我的猫怎么还没有好呢；花这么多钱越治越差；我的猫本来好好的进来的，怎么变成这样啊，你们到底对它做了什么来折腾它啊。

医生在与宠主沟通前需要调整好心态，端正态度，带有同理心，再开始沟通。俗语说“医生有三宝，语言、药物、手术刀”,“话疗”其实也是很重要的治疗或是帮助宠主和患猫的手段，特别是当医学技术和手段无能为力时。

4. 有效的沟通技巧

有效的沟通需要一定的技巧，以下整理了一些笔者认为较为有帮助的要点。

（1）第一印象

与宠主的首次接触是建立良好医患关系的基础，关心宠主的需求和正确友好地接触患猫并与其互动，是留下良好第一印象的关键。第一次接触 / 交往中给人留下的印象，会在对方的头脑中形成并占据主导地位，这就是第一印象效应，即先入为主。虽然这些第一印象并非总是正确的，却是最鲜明、最牢固的，并且决定着以后双方交往的进程。在初次见面留下良好印象，则会愿意接近，彼此也会较快地相互了解；初次见面就引起反感，之后也不愿再次接触，在心理和行为上可能会产生对抗。

第一印象是在短时间内以片面的信息作为依据所形成的印象，会根据对方的衣着打扮、年龄、长相、姿态、身材、言谈举止等各方面来判断对方的内在素养和个性，具有非常强的主观性。所以，兽医在接诊时，需要注意外表穿着干净得体，言谈举止要庄重沉稳，在猫友好的环境氛围中，热情地向宠主问候，正确地与患猫互动，与猫打招呼。多关注患猫的情绪，友好地与猫互动，这一点不仅对诊疗工作很重要，对提升宠主的满意度也很关键，能让人感觉到医护人员在乎他们家宝贝。取得良好的第一印象，为日后的诊疗工作做好良好的铺垫，对建立良好的医患关系有很大的帮助。

（2）仔细聆听

仔细聆听可以让宠主感受到被尊重，同时在聆听的过程中可以获取重要的信息，了解真实的想法，也有助于获得信任。在聆听时，注意眼神交流，让对方明确知道有被倾听，可以进行开放式的提问，好让对方把想表达的全盘托出，交流期间不打断、不转移话题，可以用肢体语言或者表情予以反馈。

（3）理解万岁

沟通时，可能会发现宠主表达的内容不是你想听的，但在许多因素的影响下，每个人的反应是多种多样的，应先去了解为何会有这样的想法以及对方认为的影响因素，去理解对方当时的心情，设身处地换位思考，做到同理倾听。站在对方的立场正确地理解对方内在的感受、情绪和想法，但同时要清楚自己的理解不完全等于对方的经验，可以把自己的理解通过语言精准地表达并传递给对方。心平气和地倾听，理解对方的想法，听到同意的就参与讨论，听到不同意的勿争论，不批判。对于医学上不正确的理念和认识，可在适当的时候列举科学证据进行纠正，但避免过多的争论，在确保传达正确的信息和尽力引导的前提下，尊重不同的选择。

（4）信息对等

信息对等才能确保双方的沟通保持在同一频道上，包括信息输入、信息输出、信息同步和信息及时。

① 信息输入

信息输入主要指病情的收集，通过问诊和体格检查的方式了解患猫的病情。在接诊前可以通过表格的形式先让宠主填写重要的信息。问诊中可以用不同的提问方式来收集信息，开放式提问可以让宠主主动、自由地表达，便于全面了解患猫的情况和宠主的需求，封闭式提问只允许“是”与“否”的回答，这便于医护人员掌握关键信息，有利于疾病的鉴别诊断，交流中要注意避免审问式的提问。体格检查就是猫咪与你对话，许多疾病都会在体格检查中发现端倪，兽医需要仔细和全面地进行体格检查，切勿遗漏猫咪给我们的提示。

② 信息输出

信息的输出主要是病情的解释，在刚接诊不久，获取到问诊和体格检查的信息后，可能需要其他进一步的检查手段进行疾病的鉴别诊断，此时需要将想法告知宠主以取得同意。所以在这一阶段需要将获得的信息、分析的过程、考虑的做法都与宠主分享。以问题为导向的临床推理的方式将信息同步给宠主，一步步展示想法与计划，例如先说现在看到了什么症状、什么异常的表现，这些问题可能有哪些，为了进行区分还需要什么样的检查来帮助诊断。在问诊和体格检查后直接说检查项目和费用，可能会让宠主觉得就只是问了两句、摸了两下就直接要他去付费检查，根本不清楚你获得了什么样的信息，为什么要做这些检查，虽然你已经做了很多，可能也获得了很重要的信息，但在对方看来，你只是想让对方花费更多。

③ 信息同步

解释病情时要确保宠主能够理解，要有足够的时间说明情况，但要简化说明的内容，毕竟大多宠主都没有医疗背景，说得越多越复杂，就越容易让人摸不着头脑，也要尽量避免使用专业名词，改用一些通俗易懂的词汇。解释病情时可以分类、分点地进行从而使说明更有条理，但重点要聚焦并且要重复说明重点。解释期间要鼓励宠主多提问，提问时才能知道哪些内容没有说明白或没有让宠主理解透彻，这样可以确保宠主正确地接收和理解了重要的信息。

病情解释的最后需要进行一个有效的总结，总结时需要重复重点、告知诊断和治疗管理计划，不然宠主可能无法从众多的信息中获取重要的信息，甚至解释完后依然不明白诊断结果和接下来需要做的事情。在沟通的最后，可以请宠主复述其接收到的资讯，以确认信息是否同步。

④ 信息及时

除了信息对等外，及时更新信息也十分重要，毕竟病情会随着时间而变化，可能需要复查或者增加一些检查项目，治疗方案和预估的预后可能也会随之改变。如果患猫住院了，宠主也希望能够及时了解爱猫的情况，如精神、食欲、大小便情况、心情如何，住院时有没有好好地休息，会不会很紧张，有没有按时用药，症状有没有好转，什么时候可以出院回家，等等所有的信息，都需要及时与宠主沟通。做到了信息对等、同步，才能保证良好的沟通效果。

（5）共同决策

① 让宠主参与进来

医疗决策听起来好像只有医生的事，但是医疗决策需要让宠主也参与进来，因为他们也是猫护理团队中很重要的一员，宠主与猫朝夕相处、照顾猫的饮食起居，他们才是最了解猫的人。所以上面提到的信息需要共享，在问诊、体格检查、结果解读、病情分析、制定诊疗计划的过程中都需要宠主的参与。例如，体格检查时宠主可以帮忙安抚患猫的情绪；在制定诊疗计划时要考虑宠主的意愿和照护能力，在家如果无法喂药可能就得选择注射给药。在检查时请宠主帮你安抚猫，对人和猫来说可能是压力最少的方式，猫在陌生环境下有熟悉的人在身边肯定会比只有陌生人更安心。对宠主来说，知道爱猫出门就诊会很紧张很害怕，把猫带到检查室但人不能跟着进去，无法在爱猫身边安慰它，其实宠主也是很忐忑不安的。尽量可视化、全面地展示诊疗过程，宠主可以更多地了解医疗操作，也不会出现人猫分离的焦虑感。

在制定诊疗方案时，需要以循证医学为基石，根据患猫与宠主的情况，在现有的医疗大环境和医生的临床经验下，找到最佳的证据，做出符合科学以及宠主意愿的决策，再应用于具体病例上，以达到最佳的治疗效果。做出决策需要将诊断结果、病患和宠主三方面进行有机结合。诊断时需要找出临床症状的本质与病因，才能确定接下来需要的检查或治疗；病患方面，它们不会说话，无法表达感受和内心意愿，需要兽医根据其病情，从动物福利角度出发，权衡利弊，为其代言；宠主方面，制定的决策还需要得到宠主的支持，让宠主了解病情、了解可选的干预方式、了解将要面对的可能性，引导并尊重宠主的决定，结合宠主的意愿、需求、倾向、目标与价值观进行操作。

② 决策树

共同决策时要面对种种可能，无论是兽医还是宠主，都会出现各种纠结和选择困难。此时，使用决策树等科学的方法，能够帮我们理清各种影响因素、认清个人意愿的倾向性、量化各种可能性以及风险与收益。

决策树（Decision Tree）：将决策分支画成树的枝干，故取名为决策树。决策树是在已知各种情况发生概率的基础上，评估构成决策树的风险，判断可行性的直观图解决策分析方法。其中，方框“□”是决策节点（Decision nodes），代表不同的选择，决策者可以控制；圆圈“○”是机会节点（Chance nodes），代表可能出现的情况，决策者无法控制。每一个机会节点后相应事件的概率之和必须为1，即每个机会节点后的事件必须涵盖所有可能发生的情况。当不再需要抉择时，就来到了决策树的结果节点（Terminal node），通常以三角形“△”表示，是各方案的最后结局，生存或死亡也可能是治疗带来的收益或风险。最后用效用性（Utilities）表示来自宠主对每个结果接受程度的倾向性，效用性是主观的。效用性用0～1表示，最好是1，最差是0。选取0～1间相对合理的数值表示宠主对不同结果的倾向性或接受度，这些数值加起来不需要等于1，但需要合理、一致。效用性类似于表示宠主与兽医间的共识，评估时需要确保动物福利。效用性乘以可能性（该结果可能出现的概率），获得结果效用性，将同一选项内的每个结果效用性相加即为该选项的期望效用性，数值越高，则为最优选项。通过决策树末端分支的数值，就可以判断对病患动物福利和宠主意愿的最优选择。

例如，有一种情况可以选择手术治疗也可以选择内科治疗，当兽医与宠主陷入选择困境后尝试使用决策树协助制定临床决策，流程举例说明如图3-14（方框代表决策节点、可选择的项目；圆圈代表机会节点、可能会出现的结果）。

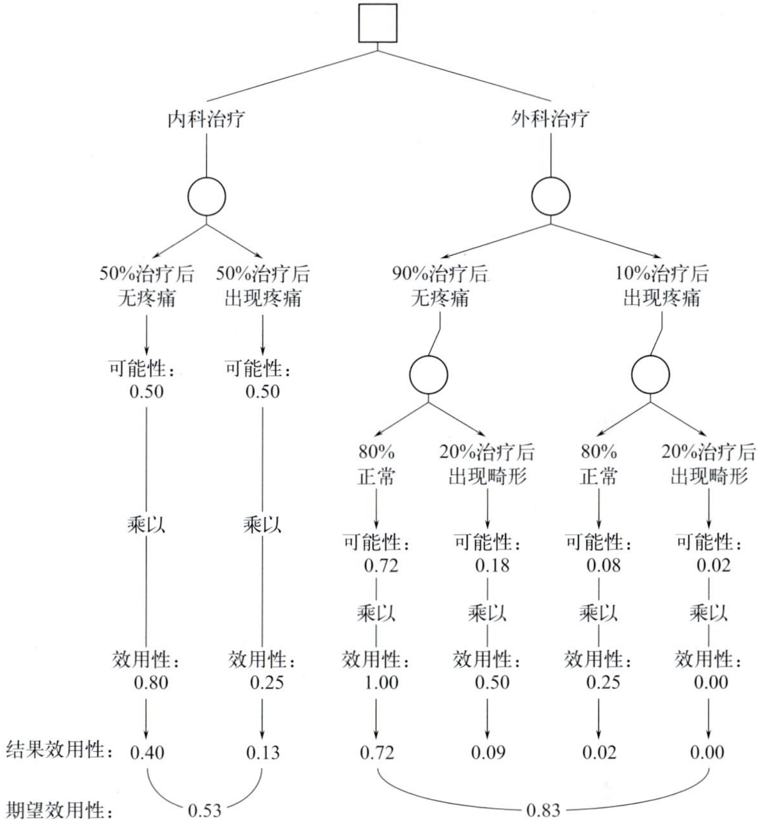

图 3-14　决策树举例说明

图 3-14 的情景中有内科治疗和外科治疗两个选项。内科治疗后 50% 出现疼痛，50% 未出现疼痛。当宠主对内科治疗后不出现疼痛的接受度是 80% 时，其结果效用性等于 0.4（即 0.5×0.8），当宠主对进行内科治疗后出现疼痛的接受度是 25% 时，其结果效用性等于 0.13（即 0.5×0.25），期望效用性等于两种结果效用性相加之和（0.53）。外科治疗后 90% 未出现疼痛，10% 出现疼痛，但术后有 20% 的概率出现畸形，80% 为正常的。

外科手术后无疼痛且正常的可能性为0.72，无疼痛且畸形的可能性为0.18，疼痛且正常的可能性为0.08，疼痛且畸形的可能性为0.02，结合宠主提供的效用性，术后无痛且正常的完全可以接受，效用性为1，术后疼痛且畸形的不可接受，效用性为0，而术后无痛但畸形以及术后疼痛但正常的效用性分别为0.5与0.25，分别与对应的可能性相乘后得出四种不同的结果效用性，这四种结果效用性相加后为0.83（期望效用性）。综上所述，期望效用性数值高的选项——外科治疗，可能是最优选择。

（6）统一战线

在诊疗中，各处都应以猫为中心，宠主、医生、全体工作人员都应围绕着猫，希望其获得最佳的诊疗。宠主与医护人员也非对立面，应以信任为基础，双向、开放的沟通，相互理解、合作共赢，站在统一的战线，一切都为了猫。

第四章

猫友好医院的建设及猫友好工作流程

猫友好医院的建立离不开猫友好氛围和布局设计上的细节打造，更离不开全体工作人员以猫的需求为核心开展的日常工作。猫友好理念是创建猫友好医院的核心，这是医院内的共识，需要我们用正确的态度和方式对待猫、正确地认识猫并站在猫的角度审视我们的工作，还需要体谅宠主所面对的挑战与困难。

第一节　打造医院猫友好氛围

一、持续关注猫的情绪状态

1. 猫的情绪

在兽医的行为医学领域中，所描述的情绪是指情绪动机，它负责本能的情绪唤起，而不是大多数人熟悉的情绪感受。情绪可分为不同的动机系统，用于了解一个物种正常的行为反应，可分为积极（正面）的和消极（负面）的。但情绪是反映主体需要与外界事物之间的关系，是主体对外界事物的态度的体验，而使用积极（正面）和消极（负面）作为形容显然会造成一些误解，暗示着情绪和情绪引发的行为有好坏之分。Sarah Heath 在《2022年AAFP/ISFM猫友好兽医互动指南》中建议将积极（正面）的情绪称为“有吸引力的 / 投入性情绪”，这些情绪会促使猫积极寻找有利于它们生存的东西，例如与食物、舒适性相关的欲望寻求。而消极（负面）情绪发生在被认为具有威胁性的环境和互动中，它们的目标是自我保护，以提高猫的生存能力，所以 Sarah Heath 用“保护性情绪”一词来强调其发生的原因。

趋利避害是每个物种为了提高存活率的本能，投入性情绪和保护性情绪使我们更加了解猫的情绪动机，消除一些先入为主的偏见，情绪会引发随后的行为，虽然有一些猫的保护性行为是人类不期望看到的，但这都是猫的正常行为反应，是猫在保护自己，是面对生命威胁时确保生存所采取的行为。避免使用“有攻击性”“不友好”“脾气差”这些词语来形容猫，因为猫出现这些行为表现的原因，只是想增加与潜在威胁的距离，减少与潜在威胁之间的互动，称之为“排斥行为”更为合适，其目的是保护自己而并不是为了伤害人类。错误地使用负面的词语会给猫贴上标签，影响我们对待猫的态度，妨碍我们从猫的角度来理解、识别潜在的应激源。

只有了解引起相关情绪背后的原因，才能更好地理解猫和避免不想发生的行为出现。

2. 猫的情绪健康

健康不仅指身体健康，还包括情绪健康和认知健康，与猫互动时需要考虑“健康三角”（图 4-1）。身体健康不需要过多赘述，在互动时关注认知健康主要是因为在互动的过程中猫会形成记忆，并影响未来的就诊。而在讨论情绪健康时，需要考虑情绪效价及情绪唤醒度，同时也需要考虑个体的情绪容量和从情绪输入中恢复的需求。情绪效价描述的是一个主体（人 / 猫）对事物的感兴趣和排斥程度，即投入性情绪与保护性情绪。情绪唤醒度指的是情绪被激活的程度，由平静到激动 / 兴奋不等。情绪效价和情绪唤醒度组成了情绪的二维模型（图 4-2）。

个体情绪的容量是固定的，有输入就要有输出，维持情绪平衡有利于情绪健康。投入性情绪与保护性情绪都是情绪的输入，好比水龙头的进水口，个体的情绪容量就好比水池的大小，

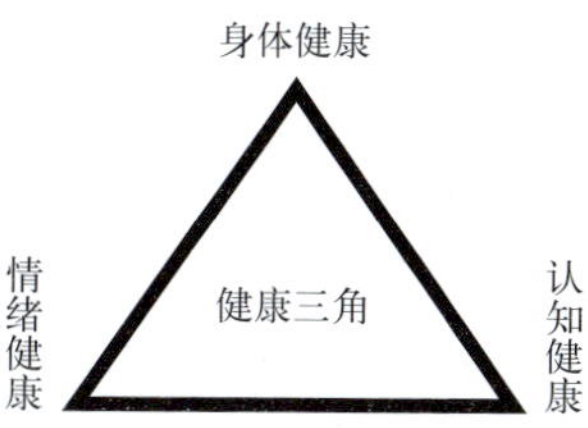

图 4-1　健康三角

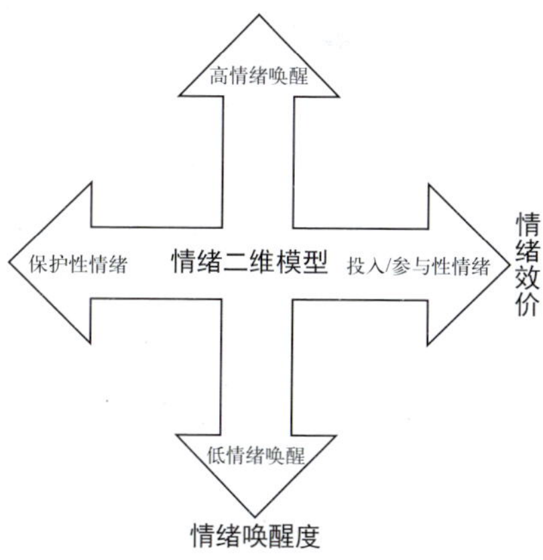

图 4-2　情绪的二维模型

个体情绪的抗性好比出水口的大小，水池中水量的高低就如情绪唤醒度，想保持水池的水不溢出，就得在流入与流出中取得平衡，维持平衡时也要把水池大小（即情绪容量）纳入考量（见图4-3）。在猫友好互动中会期望降低情绪唤醒度，可通过减少情绪的输入（低压力操作）或增加情绪的输出（如理毛、睡觉、抓扰、舔嘴等行为）来达到目的。

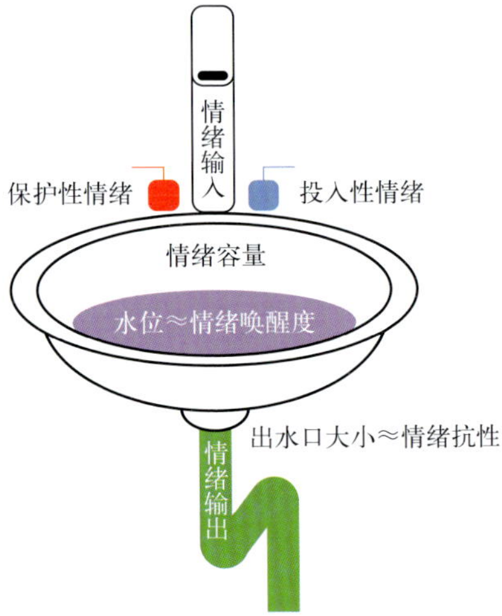

图 4-3　情绪的洗手池模型

3. 情绪健康与身体健康的相互作用

情绪健康与身体健康是紧密联系的，其影响是双向的，但在兽医领域中这一点经常被忽略。

引起生理性应激的情绪异常，可能导致身体健康上的问题出现，也会影响机体对疼痛的感知。慢性应激的表现之一是反复生病，对于存在复发性疾病的病患，需要留意是否存在情绪健康的问题。生理性应激的常见疾病有皮肤问题（应激相关性理毛、过度理毛等）、泌尿系统问题（特发性膀胱炎等）、胃肠问题（腹泻等）、肥胖、神经痛等。

身体疾病也会对情绪健康以及情绪发育有所影响，活动受限的疾病会导致猫出现保护性情绪的倾向，神经系统问题会影响情绪动机，疼痛既有生理因素也有情绪因素，疼痛不仅影响机体活动，更会产生恐惧、焦虑的保护性情绪。身体上的疾病会导致行为上出现即时的行为改变，例如对外伤的患猫进行操作时猫会嘶叫和抓挠，因为急性疼痛而出现对抗行为，疼痛消失后，通过泛化联想，仍会出现对抗行为；因慢性疼痛而出现回避、躲藏行为，社交互动减少。

4. 猫不同的情绪会引发不同的行为反应

猫的投入性情绪包括欲望寻求（例如与生活资源相关的）、社交、关爱 / 照顾（例如照顾幼猫），投入性情绪会产生投入和互动的行为反应（图 4-4）。在动物医院中常见的欲望寻求激发的行为有寻找食物（图 4-5）、零食、玩具，对环境的探索（图 4-6），社交互动（与宠主和工作人员），捕猎行为，寻求安慰。

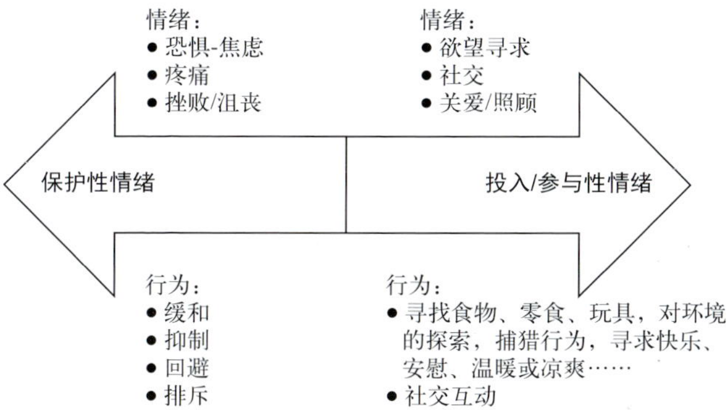

图 4-4 不同的情绪会引发不同的行为反应

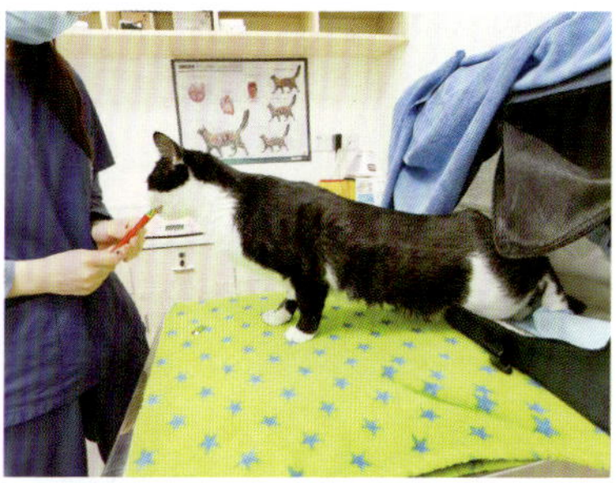

图 4-5 猫寻找食物的积极情绪

图 4-6 猫在诊室中好奇探索中

保护性情绪包括恐惧、焦虑、疼痛、挫败/沮丧，保护性情绪会导致保护性行为反应，包括抑制、回避和排斥以及缓和，在动物医院中最常出现的是前三种行为反应。恐惧与焦虑是同一情绪系统，通常一起考虑，而疼痛既是一种感觉也是一种情绪反应，会影响身体功能和情绪健康。恐惧与焦虑可以改变对疼痛的感知，使得个体对疼痛更为敏感，疼痛的存在又会加剧恐惧与焦虑的情绪，两者相互影响。可以使用一些抗焦虑药物来减轻恐惧和焦虑，如果同时存在急、慢性疼痛，则需要额外使用镇痛药物。在动物医院中出现与恐惧、焦虑或疼痛相关的保护性情绪时，可能表现出的肢体语言有：耳朵旋转到侧面或后面、瞳孔部分或完全放大、闭眼或眼睛半闭、快速眨眼、凝视、头偏向一边、胡须张开等。可能出现的行为反应有抑制（被动收集视听嗅觉信息、抑制正常的进食或排便、睡眠等行为、凝视、僵直、定格、趴卧等）、回避（转移目光、躲藏、逃跑）和排斥（咆哮、拍打、啃咬），在诊室的猫感到恐惧，想躲藏，在墙角处或洗手池躲起来（图 4-7 ～图 4-9），蜷缩起来想尽量把自己缩小，瞳孔散大观察，耳朵朝向两侧接收周围环境声音。

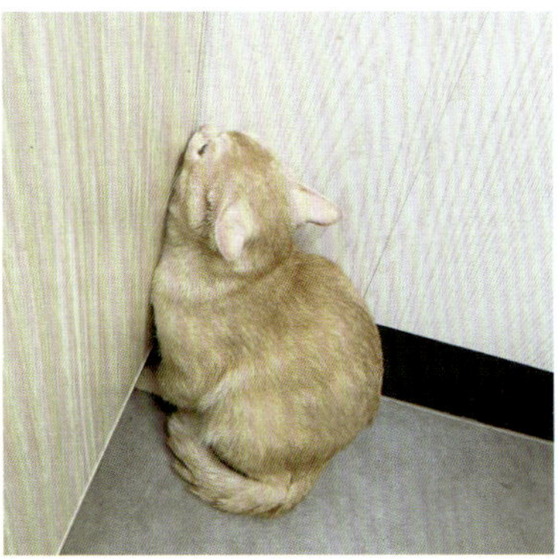

图 4-7　在诊室中躲在墙角处的猫

图 4-8　猫在桌子上靠墙角躲起来

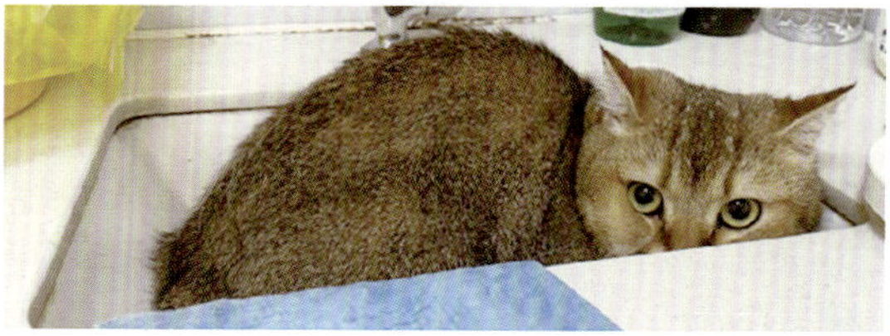

图 4-9　蜷缩在诊室洗手池的猫

当猫感到退无可退时，可能会采取咆哮的对抗行为（图 4-10），也可能会表现更剧烈的排斥行为，如瞳孔散大、耳朵朝后、胡须向前、低头、弓背，右前肢抬起准备进行拍打，若此时医护人员进一步拉近距离或者尝试接触，猫则会动手拍打开始攻击保护自己（图 4-11）。

图 4-10　猫出现咆哮的排斥行为

图 4-11　该猫准备采取对抗行为

当猫感觉威胁持续存在且采取的行为反应未达到避开威胁的目的时，会采取不同的行为反应或行为反应升级，例如从定格不动 / 僵住变为逃跑（抑制行为转为回避行为），从咆哮变为咬人，强度不断增加（图 4-12）。挫败 / 沮丧是由于未能满足期望、获取资源或保持控制而引发的。猫无法成功应对其他情绪时，也会触发挫败感，与此保护性情绪相关的身体语言和行为反应包括：转移行为（吞咽动作、快速理毛动作）、重复行为（持续叫唤、来回踱步、反复咬或抓笼门试图逃跑）、破坏性行为（破坏笼内物品）和对抗行为（与排斥行为相同的咆哮、拍打、啃咬等行为，但情感触发点不同）。

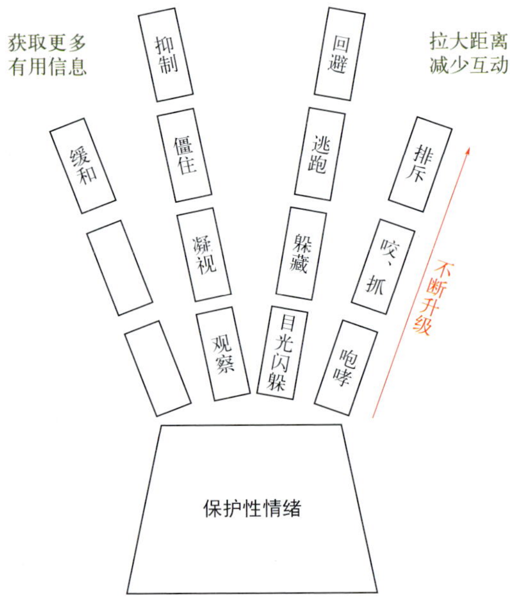

图 4-12　保护性行为反应的树形类比

5. 情绪平衡是猫友好互动的目的

猫友好互动的目的是调整情绪效价的平衡，增加积极（投入性）情绪动机和减少消极（保护性）情绪动机，通过适当的互动和改变诊疗环境，降低猫的情绪唤醒度，情绪唤醒度越高，无论是投入性情绪还是保护性情绪，都会对医疗护理操作有所影响。

在互动中需要理解情绪的平衡，强化投入性情绪是不能抵消保护性情绪的，两者相对主导地位的改变会直接导致行为输出的改变。在动物医院中出现保护性情绪是合情合理的，我们的目标不是消除猫所有的恐惧，而是消除不必要或不合理的保护性情绪。

6. 及时识别情绪动机和调整互动策略的重要性

当猫意识到采取强度较低的行为反应即可保证自己的安全时，则会停留在该阶段，但当猫意识到采取的行为并未达到其目的时，会采取替代的行为，或者行为强度升级，而且行为强度会持续升级直至猫感觉到安全为止。及时识别猫的情绪反应，进行互动上的调整，给猫提供更多的选择权，更容易达到猫的行为目的，可以降低行为升级的风险。

在诊疗过程中，猫通常会出现恐惧、焦虑的情绪动机，继而出现保护性行为，常会先出现回避的行为，躲在猫包 / 航空箱不愿出来，此时我们允许猫待在箱里，或者用毛巾遮盖，提供安全感，猫意识到回避行为已经成功后就不会进一步采取逃跑甚至排斥行为。当然，如果猫是希望在安全的环境下探索新环境，获取更多的信息，评估新环境对自己的威胁程度，则需要为猫的探索行为提供机会（图 4-13）。但若猫意识到回避行为依然让其暴露在威胁之中，那么可能就会选择逃跑，甚至是更为强烈的排斥行为。猫在医院内也可出现投入性情绪，如与医护人员互动、被喂零食等。在诊疗过程中产生更多好的经历，会对以后的就诊产生良性影响，反之亦然。

图 4-13 猫要在诊室内探索

7. 合作型护理

合作型护理利用了经典的条件反射，与某些特定环境产生积极（投入性）情绪关联，使用正向强化的操作性条件反射以训练促进形成医疗护理所需的行为反应。这一方法可以帮助动物在医疗护理中感受到身体和精神上的舒适，自己选择是否与医护人员接触、是否愿意配合医疗干预操作。

利用食物奖励或积极的社交互动，增加特定行为反应的概率出现。这些吸引猫的触发因素也是投入情绪中的欲望寻求系统中的重要元素，会鼓励产生积极情绪及增强个体的自信心。提供这些积极互动，可以让猫表现主动配合的行为，例如经过训练的猫能主动把口鼻部放入治疗哮喘的气雾吸入器中并保持呼吸；可以让猫表现出被动但平静的行为，例如在超声检查中医护人员轻轻地抚摸猫，使用 V 形槽来保持特定的姿势（图 4-14）；可以让猫放松并接受某种姿势，例如吃着“猫条”零食接受皮下输液治疗（图 4-15）。

合作型护理可以帮助猫在本该感到焦虑、恐惧和沮丧的医疗 / 饲养环境中感到更加舒适、放松和更有掌控感。训练时需要

图 4-14　猫躺在 V 形槽内等待检查

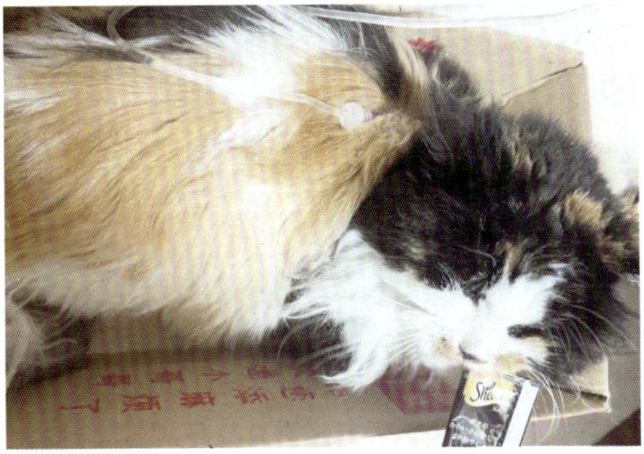

图 4-15　猫一边吃着“猫条”一边接受皮下输液治疗

循序渐进，有耐心地连续强化，例如想让猫主动接受气雾剂吸入的治疗，可以利用干净的花盆作为训练工具，先用食物引导猫将头部伸入较大的花盆中进食，适应后换成小花盆，每一次获得想要的行为时需要及时奖励猫，最后换成吸入器面罩，猫把口鼻放在面罩一段时间后，会获得奖励，这需要一个较长的训练过程，并非一蹴而就。不同猫所需的训练时长也不同，这跟个体的性格、早期经历都有关，应根据个体制定相应的学习计划，以猫为中心，尊重和适应猫在学习中的进度。在猫小时候开始合作型护理的教育，更有机会实现真正的长期人猫合作，从而尽量减少负面的经历。

8. 在诊疗环境中常见的保护性情绪及改善方法

在诊疗环境中常见的保护性情绪主要有疼痛、恐惧与焦虑以及挫折感。

疼痛是对有害刺激的生理反应，感知到疼痛会作出动作反应远离致痛源，同时引起情绪反应的变化，会产生保护性情绪和行为。疼痛时，个体的情绪容量会降低，譬如以前可以接受在体格检查时候的抚摸，但由于疼痛，现在变得无法忍受、出现对抗行为。由此可见，疼痛管理在猫科临床诊疗中对猫的身体健康和情绪健康至关重要。

恐惧与焦虑的情绪，是猫这一物种固有的，对不确定事物的恐惧、对潜在威胁的焦虑，都对其生存具有保护作用，但不同的个体，其恐惧与焦虑的程度不一样，这与遗传、早期经历（社会化 / 习惯化 / 致敏化）、生活经历（包括医疗 / 手术经历）都有关系。在出门前的准备工作中，做好猫对转运笼的适应，或者提前使用加巴喷丁等抗焦虑药物，可以更好地让猫减少恐惧与焦虑情绪。但在诊疗环境中，被保定和被强迫等互动，在本质上都有可能诱发保护性情绪，毕竟猫被迫离开熟悉的领地，

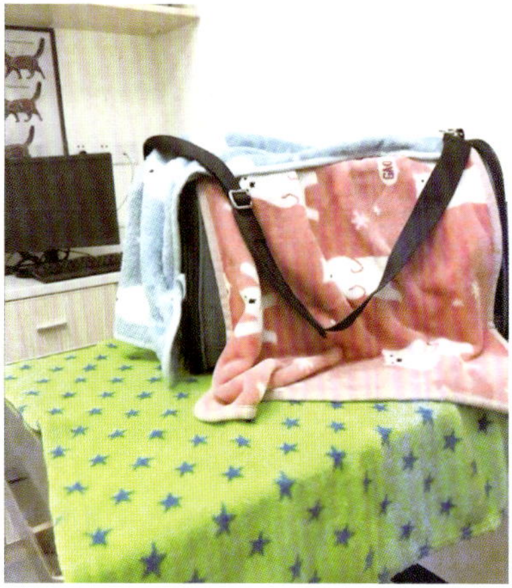

图 4-16 在猫包外遮盖毛毯，为猫提供更多的安全感

来到陌生环境，并且环境中有陌生的人和其他动物，社交环境也有巨大改变。猫为了防止冲突以及潜在的伤害，会采取一系列的行为，例如定期对环境进行感官上的评估，以及在高处监视，收集信息，评估威胁程度。所以在医院环境内，尽量给予猫空间，尽可能在感官上（视、听、嗅觉）不出现或减少出现让其感到威胁的人或物，例如在猫包/航空箱上盖上毛巾（图 4-16）遮挡视线，在住院笼的笼门上挂上遮笼布，避免住院笼面对面地摆放，笼内有垂直空间上的休息区等。

挫折感的出现，是因为猫的需求未被满足，例如猫的欲望寻求未得到满足，缺乏想要的社交互动，缺乏表达捕猎行为的机会等。所以我们要认识到抑制、回避、排斥等行为并作出应对，提高猫的回避和抑制反应的成功率，减少挫折感的产生。对于寻求社交互动的猫要提供适当的社交接触或增加宠主的探视。

二、猫友好团队的建设

猫友好理念是创建猫友好医院的核心，对所有的员工都同等重要！实现“猫友好”，首先要在院内形成共识，打造一种以“猫的需求”为核心的文化。用正确的态度和方式对待猫，对猫要有正确的认识，并且站在猫的角度审视我们的工作，体谅宠主所面对的挑战与困难。践行“猫友好”的关键在于员工的培训，以友好的方式与猫互动，轻柔缓慢地进行各种检查和操作，本着同理心与宠主交流沟通。

以“渴望为猫做到最好”的态度来布置医院和运营医院，传达强烈的对猫友好的信息。猫友好的共识要贯彻给医院内每一位员工，无论是医疗团队还是前台人员。兽医在接诊时的言谈举止固然重要，但宠主带猫就诊首先接触到的是前台接待人员或者助理，所以确保所有员工都保持正确的猫友好态度及处事方式将增进猫与宠主和动物医院的关系。

猫友好团队成员要求：

① 爱猫，态度积极、行为规范；

② 懂猫，明确猫在医院内及医院外的需求；

③ 理解并体谅宠主，明白他们把猫带来医院时面对的挑战与困难；

④ 知道如何与猫接触、相处，能够根据具体的情况恰当地调整自己与猫互动的方式并达到预期的效果；

⑤ 具有良好的猫行为学知识，掌握减少刺激猫的各种技能，坚持“如非必要，避免对猫进行强制保定”的原则；

⑥ 不仅在医疗上帮助宠主，同时将“猫友好”的观念和方法分享给宠主，鼓励他们善待猫；

⑦ 坚持最好的治疗是预防的观念，愿意并能够为猫提供终身的预防保健；

⑧ 持续学习、更新知识，并学以致用。

三、猫友好环境的建设原则

1. 猫友好环境的五大支柱

猫在任何环境中都有五个基本的需求：①提供一个安全的

地方；② 提供多种环境资源且关键资源是可分开的；③提供玩耍和表达捕猎行为的机会；④提供积极的、可预测的人猫社交互动；⑤提供一个尊重猫嗅觉和其他感官的环境。以上是猫友好环境的五大支柱（图 4-17），利用这些内容作为指导，可以优化院内环境，以满足猫的各种需求，增加猫的控制感。

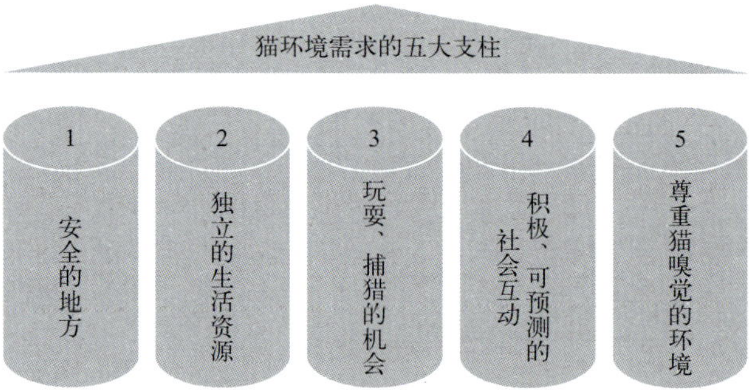

图 4-17　猫友好环境五大支柱

图 4-18　猫在住院笼内的纸箱中休息

为猫提供一个安全的藏身之处可以提高它们的适应性，在候诊区、诊室、住院部都创建安全空间，增加猫的安全感，提供躲藏和休息的区域（图 4-18），可以考虑使用垂直空间，能扩大医院整体的规模和布局的复杂性，让猫在高处进行跳跃、攀爬、侦查环境。

住在医院中的猫，特别是住的时间比较长的，需要满足它们所有的生活基本所需，包括食物、水源、休息区、合适的猫砂盆与猫砂、抓挠区等（图 4-19、图 4-20），生活资源也要在空间内适当地分配，以尊重猫单独使用的需求。

图 4-19　猫住院环境中有不同的功能区

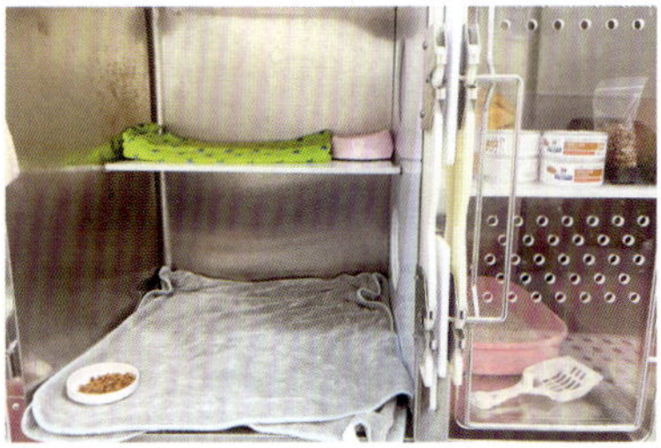

图 4-20　住院笼分有不同的功能区

图 4-21　住院期间猫对玩具非常感兴趣

捕猎行为的表达是猫的天性，对猫来说非常重要，可以由积极的情绪触发。在就诊或住院期间，这些欲望寻求（对食物、玩具的寻求）的行为可以增加积极情绪，特别对住院的猫来说尤其重要（图 4-21）。

积极的人猫互动可以满足猫所需的社交互动需求，同时要确保一致性，形成一定的护理操作和作息规律，具有可预测性，不应打乱昼夜节律，要让猫拥有充足的睡眠时间。

医院的环境中应尊重猫的感官，包括视觉、嗅觉、听觉，因为这些都会影响就诊体验，影响猫的情绪健康。避免与其他猫或物种的相互对视，不使用香薰或气味较大的消毒剂，保持环境的安静，控制噪声等。

2. 根据猫感官进行环境优化

（1）嗅觉　尽可能提供猫专用的区域，减少来自其他物种的嗅觉上的刺激，提供人工合成猫面部化学信息素，提供熟悉的寝具、毛毯、猫窝和喜欢的零食。清除其他动物的气味和猫危险/警觉信息素的残留，保留该猫自身的气味特征，避免强烈的气味和猫反感的气味，要使用气味小的清洁消毒剂，可以用洗必泰来代替酒精的使用。

（2）听觉　猫的听力范围与其他物种不同，猫可以旋转耳朵并准确定位声音，在嘈杂的环境中猫更容易出现恐惧的情绪。可以使用一些隔音的设备，例如隔音条、隔音棉、隔音窗户，隔开嘈杂的动物和人，注意门铰链的噪声，使用静音或降低音量的标识来提示人们控制音量，建立安静的环境或者使用白噪声。播放古典音乐和轻音乐可以让猫和人更为放松，也可以提供猫咪专用的音乐，减少其在检查时的压力。

（3）视觉　最大程度避免猫看到不熟悉的人/动物和事物，用毛巾遮盖转运笼和住院笼，减少猫在不同空间的移动。

（4）触觉　提供增加舒适度和安全感的物品，例如柔软的毛毯和猫窝，天气热的时候有凉爽的休息区，或在天冷的时候有加热毯或恒温空调。适当进行房间通风，每小时进行多次换气。

（5）味觉　猫的味蕾数量少于人类，但嗅觉的刺激可以增加味觉。让宠主带一些猫喜欢吃的食物会很有帮助，毕竟猫习惯了某种味道或质地的食物，在医院内也可以提供多种不同的食物。

第二节　建立猫友好前台与候诊区

一、前台与候诊区的布局设计

前台的设计可使用高低台面的方式，较低的台面可让宠主放置转运笼/猫包（图4-22），避免其直接放地上，也可以增加专门放置转运笼的架子。前台应保持干净、整洁、安静。

图 4-22　前台桌面采用高低台面

这里的候诊区特指猫科候诊区。如果动物医院既接诊猫也接诊犬，那么最佳的规划是犬科和猫科有各自单独的进出口、通道和候诊区。大多数动物医院难以实现这样的规划，但具备猫单独的候诊区仍是猫友好的基本要求。候诊区通常紧邻前台，是猫和宠主候诊和休息的场所，也是医院留给他们留下的第一印象和最后印象。为猫设计的候诊区需要营造出轻松的就诊氛围，做到安静和消除可能的威胁，缓解猫紧张的情绪，逐步让猫适应，同时让宠主感受到医院给人宠带来的关爱，提高就诊体验。

即使医院内空间狭小，也应开辟出一个相对独立的空间作为猫的候诊区。例如可将候诊区进行空间上的隔离，分成两个不同区域分别供犬猫使用。即使一道屏风或隔板、储物柜等，也能够避免犬猫发生视觉上的接触。同时，采取积极的措施避免犬只吵闹，例如让吵闹的犬只在医院外等候。如果无法对候诊室进行空间上的分隔，那么可采用分时段分别接诊犬和猫。

例如，每天固定一个时间段作为猫专属的就诊时间。当猫在使用候诊区时，如有犬只进出，同样应避免它们之间直接的视觉接触。而且要优化猫进出的通道，如果猫必须穿过一个嘈杂的区域，甚至必须与吵闹的犬只交集才能进出诊疗室，那么猫专属候诊区的价值就荡然无存了。需要争取在猫进出时，通道安静且消除了所有可能的威胁。

二、工作注意事项

图 4-23　用毛巾遮盖转运笼

① 前台接待刚到院的宠主与猫时，应热情打招呼、指引宠主要将转运笼放在前台桌面或猫笼架上，不要放在地上，然后获取相关信息进行挂号登记，若留意到转运笼上没有毛巾遮盖、转运笼又过于透明且猫在里面很害怕时，可以取已消毒好的毛毯盖在转运笼上以遮盖猫的视线（图 4-23），减少视觉上的刺激，院内使用的毛毯可以提前喷上猫面部化学信息素喷雾剂。

② 为宠主配置足够的座椅，同时为每一只猫准备一个安置转运笼 / 猫包的小台子或架子，不要直接放在地上。

③ 在候诊区内，提醒宠主让猫待在自己的转运笼内不要出来，同时提示宠主不要接近候诊区内其他的猫和转运笼。

④ 候诊区应贴有醒目的“静音”提示（图 4-24）。

⑤ 尽量不让猫和宠主等候太长时间。

⑥ 若诊室已处于待用状态，可请宠主直接带猫到诊室，而

图 4-24　候诊区贴有静音提示

无需在候诊室等候。

⑦ 为避免候诊猫之间的视觉接触或其他相互干扰，可在候诊区座位之间用小隔断将猫分隔开，或使用盖毯，鼓励宠主带上家里常用的毛毯。

⑧ 在前台和候诊区提供养猫杂志和资料供浏览，并借机进行宠主教育，如猫的护理、营养、行为、体内外驱虫、绝育、预防性护理等常识，为宠主提供建议，也可展示获得猫科专业组织认证和兽医猫科继续教育结业的证明。

第三节　建立猫友好诊室

一、诊室的布局设计

1. 猫专用

在医院整体空间允许的前提下，设立一个仅供猫使用的诊室（图 4-25），不与其他物种共用，如果无法满足条件，可以将猫与其他物种错开时间就诊。

图 4-25　猫专用诊室

2. 布局合理

整体布局的走动路线应让猫能够从猫候诊区直接进入诊室，不需要绕到犬候诊区或者繁忙人多的接待区。

3. 安全性

猫诊室的设计应注意安全性，避免猫逃跑，注意天花板、通风口、房间门等猫可能窜逃的空间。储物柜下方不应留有空间，避免猫躲藏进去；电脑可考虑使用壁挂式的，避免猫躲藏在电脑后方。所有工作人员开门前、开门时、开门后都要注意防止猫窜逃，门上可以安装小的观察窗，在开门前必须观察房间内的情况，看清楚诊室内是否在进行医疗操作或者猫是否在门后等待机会逃跑，再决定是否开门（图4-26～图4-28）；诊室门可上锁，避免接诊时被打扰。有猫在诊室内时，尽量减少进出次数。

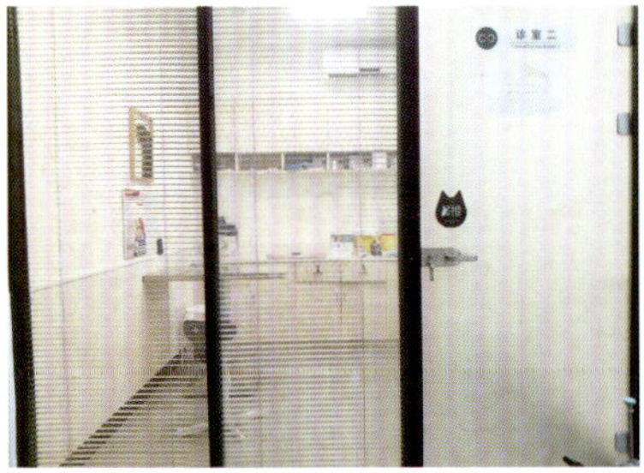

图 4-26　打开诊室隔断的内置百叶帘时可观察诊室内情况

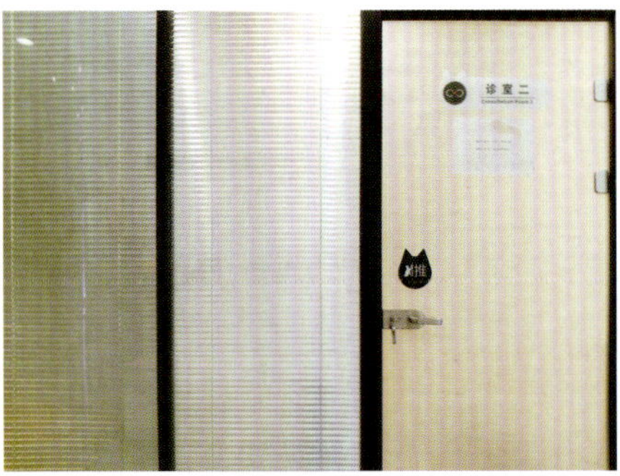

图 4-27　关闭诊室隔断的内置百叶帘时可避免猫看到外面害怕

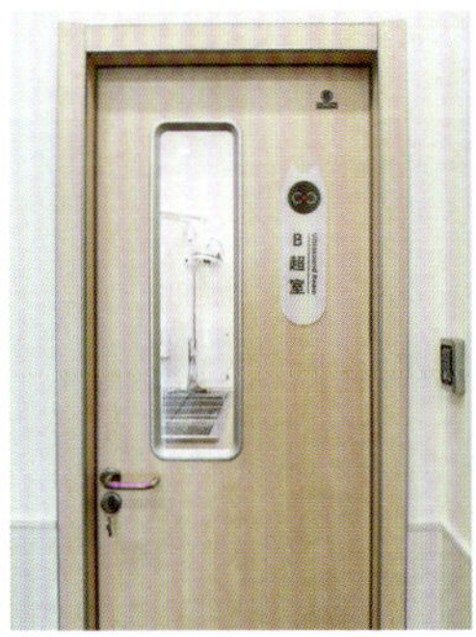

图 4-28　诊室或操作室的门可设置小观察窗

4. 空间

诊室空间应至少能容纳兽医、助理、宠主各一人。诊室内需要有适当的储存空间，把看诊时需要使用的大部分耗材或特定仪器设备都放在诊室内，减少进出门的次数。桌面空间和开放式柜内不应摆放贵重品、易碎品、有害品。诊室内设置猫的躲藏空间，例如放置躲避盒、专门设计躲避空间（图 4-29）。利用垂直空间，增加猫的跳跃、攀爬行为，可以在墙上装隔板，让自信心强的猫多探索，刺激投入性情绪。

图 4-29　猫在诊室内找到一个躲藏的空间

5. 洗手和消毒设施

在接诊每位猫病患前后都需要进行手部或相应接触部位的表面消毒。诊桌、体重秤等猫接触过的地方，在接诊下一个病例前都需要进行表面消毒，并通风散味。诊室内时刻保持整洁卫生。

6. 灯光

光线应充足，但要柔和，最理想的是亮度可调节的灯光。

7. 气味

确保在接诊前清除了上一个病例的气味。诊室内可使用信息素扩散器及喷雾剂，喷雾剂需要在猫进入诊室前至少 15 分钟喷，可喷在诊室的角落、桌脚、桌面、使用的毛毯或垫料、体重秤上等地方。诊室内使用的消毒剂应是无味或气味非常小的。

8. 触感

在猫可接触的诊桌台面和体重秤上可以铺上柔软的毛毯

（图 4-30），提供舒适的触感，避免光滑冰凉的接触面，光滑面猫站不稳，会很紧张。

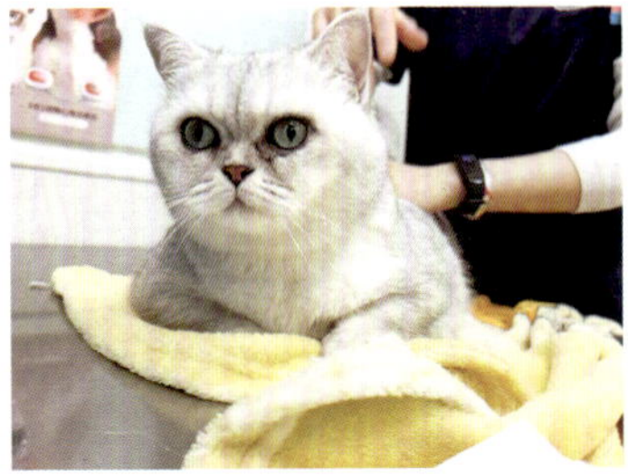

图 4-30　猫在诊桌的毛毯上舒适地等待被检查

二、诊室的常用设备

① 精准电子秤；

② 适合猫用的听诊器，推荐儿科或新生儿款，听诊器膜面接触面较小；

③ 电子体温计，肛温计或耳温计；

④ 静音电推剪；

⑤ 毛毯垫料、猫玩具、逗猫棒、猫零食、木天蓼、猫薄荷；

⑥ 检眼镜、笔灯、检耳镜、血压计（示波法电子血压计或多普勒血压计）；

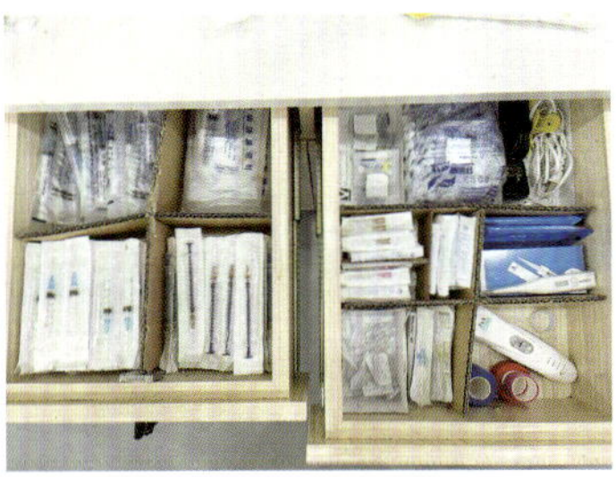

图 4-31　常用医疗耗材

⑦ 采血工具箱：注射器、头皮针、不同种类的采血管、弹性绷带等；

⑧ 其他医用耗材：干棉球、消毒棉球（酒精棉球或洗必泰棉球）、棉签、牙科眼科采样棉签、各型号注射器和针头（图 4-31）。

三、诊室的工作流程

1. 接诊前的准备

确保诊室已完成消毒，诊室内无明显气味，诊桌上铺好垫料。接诊医生先了解宠主带猫就诊的目的，翻阅该病患之前的病历以了解病史。若医院有与宠主之前的聊天记录，建议接诊医生先进行浏览，了解大致的主诉问题，可能的话可以了解该患猫的性格以及之前出门就诊的经历。

2. 首次与猫互动的建议

当宠主和猫已经在诊室时，进门前需要先观察诊室内的情况，若猫已经在诊室内开始探索，注意它所在的位置，以免一开门猫就逃脱，若猫依然在转运笼，则可敲门示意后开门进入诊室。先与宠主打招呼，介绍自己，再称呼猫的名字确认是否为该病患，然后再开始与猫打招呼。

在接近猫之前首先要观察猫的情绪状态，且与猫接触互动的过程中自始至终都需要不断地评估猫情绪状态的变化情况，读懂猫的肢体语言和面部表情，预测可能出现的行为，并调整自己的互动策略。在与猫首次见面的时候也可以利用猫薄荷、木天蓼，或者猫爱吃的零食，增加积极的互动，但如果猫在明显的恐惧与焦虑、疼痛、沮丧中，食物、玩具难以抵消那些保护性情绪。

在转运笼里面的猫，先观察它是否对外界环境有探索的欲望，还是只想待在转运笼不想出来，轻声细语与之互动，可打开转运笼的门或者拉开猫包的拉链，观察猫是否有自行出来的想法，给猫时间让其慢慢地收集信息评估环境再决定是否要出来，不要马上强迫它出来或者伸手进去拉它出来，这会加剧猫的恐惧感。如果猫完全没有出来的欲望，不要着急，可以缓慢地伸手贴近笼边让猫过来闻嗅，这个过程要让猫看到，同时也要观察猫的反应。如果猫出现排斥行为，手就不要继续伸入了，对于有抑制行为的猫，它们一直在收集信息，那么手可以停留在猫的面前，要有一定的安全距离，随后让猫主动地过来闻嗅，当猫认为你对它没有威胁的时候，它甚至会用脸部来蹭你的手，代表它愿意与你互动，此时应轻柔地抚摸猫喜欢被摸的位置，如脸颊、下巴、鼻梁等地方（图 4-32 ～图 4-36）。如果猫不愿意自行出来也不愿意与你互动，拒绝闻嗅你的手，蜷缩在转运笼内的一角，也先不要着急把它抱出来，可以先与宠主交谈，进行问诊，此时要打开笼门或猫包拉链，给猫机会让其自己出来，有些猫需要更长的时间来评估是否存在威胁。总之，不要太主动地与猫接触，把主动权留给猫，让猫自行选择要不要与你互动，而不是被动地无可奈何地与你接触。

图 4-32　猫面部腺体是首选的触摸区域

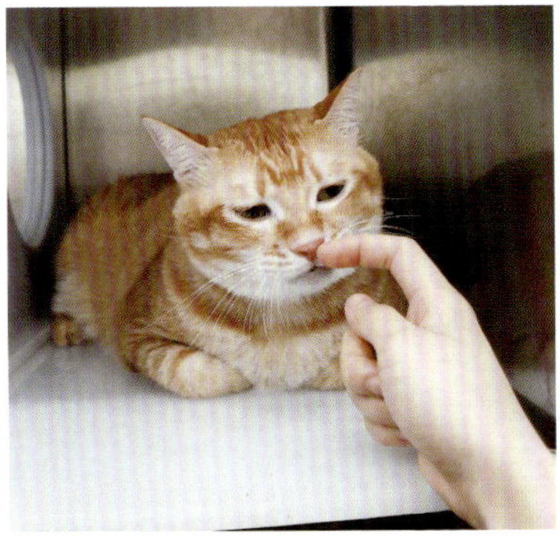

图 4-33　与猫接触时，先缓慢伸出手让猫闻嗅

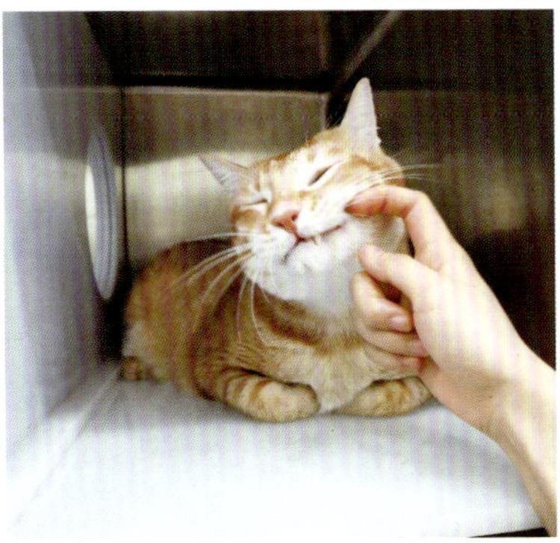

图 4-34　猫闻嗅后可轻轻抚摸脸颊

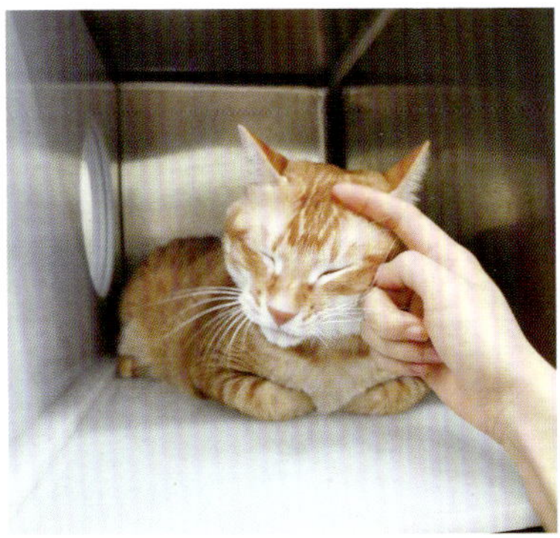

图 4-35　猫闻嗅后可轻轻抚摸额头

对于已经在诊室内来回走动探索的猫，同样不要过于主动地、突然触碰它或者抱起它，进诊室后可以站着不动与宠主交谈，让猫主动来接触你，期望与猫接触和互动时，建议蹲着或者坐在地板上，让猫过来接触你，猫选择与你互动后，你才去抚摸猫喜欢的位置。猫在诊室内走动时我们可以借此机会观察猫的步态、动作是否存在异常。

图 4-36　轻抚猫的鼻梁，猫会很享受

所有的接触和互动都尽可能在猫选择的位置进行，猫可能想待在猫包里、航空箱的底兜、毛毯上、地板上、桌面上、椅子上、体重秤上、宠主或你的膝盖上（图 4-37、图 4-38），反正猫爱去哪，我们就跟去哪，它们想站着、躺着、蹲着，都是可以的，不进行任何强迫，一切尽量顺着它们的意思，除非某些

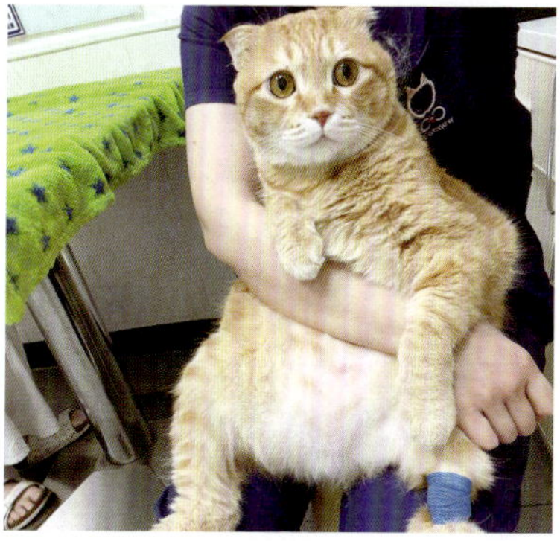

图 4-37　猫被抱着进行体格检查的操作

图 4-38　猫要躲在自己的毛毯接受体格检查

医疗操作需要特定的体位姿势，但也要缓慢积极地引导猫做出我们希望它做的动作。

首次与猫接触的技巧：

① 接触和互动时尽可能与猫在同一水平高度，如果它们在地板上，我们可以蹲着或者坐在地板上，避免高于猫给猫带来压迫感。

② 避免把猫逼到角落使其无处可逃。

③ 请勿直视眼睛，与猫直视会给猫带来强大的威胁感；可以朝着猫的方向缓慢地眨眼。

④ 轻声细语，动作轻柔，缓慢而谨慎地移动，避免大幅度的动作和大声响。

⑤ 缓慢向猫伸手，但不要靠太近，让猫选择主动靠近闻嗅，然后才进行互动。

⑥ 可利用零食引诱猫走出转运笼 / 猫包（图 4-39），将食物放在出口处的桌面或地板上。

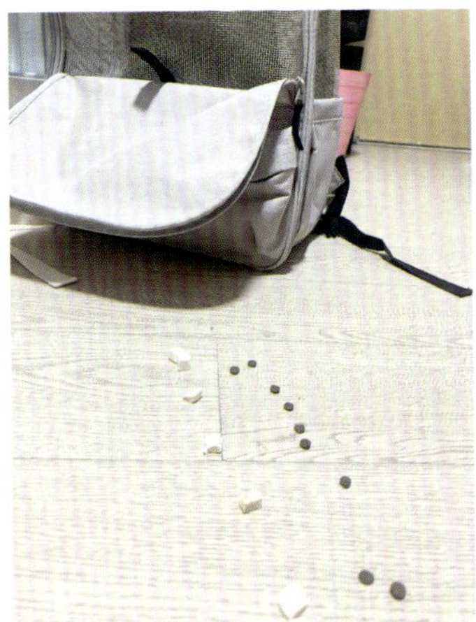

图 4-39　利用零食引诱猫走出猫包

⑦ 如果猫不想离开转运笼，则可以缓慢打开上盖或移开上半部分，猫待在底兜（下半部分），用毛毯盖在猫身上或头上，让它们依然有躲藏的感觉，可以是家里带过来的有自己气味的毛毯，也可以是院内消毒后的毛毯。

⑧ 对于顶部有开口的猫包，可以用毛巾盖着猫然后轻轻将其抱出来，抱的时候尽量确保猫的四肢不要悬空，否则猫没有安全感。

⑨ 对于无法移开顶部的转运笼/猫包，可以尝试连同箱/包内的底部内衬与猫一起移出，或者使用毛巾辅助，把猫盖住然后将猫与底部内衬一起往出口移出，避免拉扯猫的肢体。

⑩ 在进一步接触时，应先集中抚摸猫面部腺体区域，如脸颊、下巴，继续观察猫的反应，只有在猫愿意继续互动的情况下才继续抚摸。

⑪ 在抱起猫或者移动猫的时候，可以请宠主帮忙。

⑫ 猫需要离开诊室去其他地方时，要用猫包或转运笼来转移，以免猫暴露在陌生的环境感到恐惧，甚至会受到惊吓而逃脱。

⑬ 信任是不可转移的，每个医护人员在接触猫前都需要与猫建立融洽的关系。

3. 做好病历记录

每次接诊应做好详细的病历记录，并妥善保存，便于日后查阅。尽可能使用标准格式记录病历，一方面方便阅读，一方面不容易遗漏重要信息。完整地采集病史，包括营养评估（猫的食物类型、每日进食量及其变化、采食方式等）、生活方式（是否允许到户外活动、旅行史、寄养史、与其他动物的接触史等）、日常保健等，全面了解猫的健康状况，尤其不能忽略猫的行为和生活环境的改变。以上的病史信息可以引导宠主在就诊前或在候诊期间完成临床病史和/或健康问卷的填写（图4-40）。

4. 猫友好体格检查

以低压力方式完成详细的体格检查，在检查前要确保所需物品、设备都在诊室内并且已清洁消毒、没有其他动物的气味，在设备靠近猫前，允许猫先接近、闻嗅、探索。

基本资料表（Registration Form） 日期（Date）：

主人信息（Owner Information）

主人姓名（Name）：______________ 电话（Telephone）：______________

病历号（Patient Number）：__________ 邮箱（E-mail）：________________

猫咪信息（Cat Information）

动物姓名（Cat's name）：__________ 年龄（Age）：__________

动物品种（Breed）：______________ 颜色（Color）：__________

性别（Gender）：□ 公（Male）□ 母（Female） 是否已绝育（Spayed/Neutered）：□ 是（Yes）□ 否（No）

开始饲养时间（Owned Since）：________________________________

猫咪来源（Origin From）：□ 繁育者（Breeder）□ 猫舍（Cattery）□ 流浪动物救助中心（Shelter）

□ 其他（Other）：__________

多猫环境（Multi-cat Environment）：□ 是（Yes）饲养数量（Number of cats）：________ □ 否（No）

生活环境（Living Environment）

居住环境（Living Environment）：□ 室内（Indoor） □ 室外（Outdoor） □ 室内&室外（Indoor & Outdoor）

□ 有限的户外活动（Outdoor Limited） □ 夜间外出（Outdoor At Night）

猫厕所排泄（Cat Litter）：□ 是（Yes） 使用 猫砂类型（Type）：__________ □ 否（No）

猫间斗争（Fight）： □ 是（Yes） 备注（Detail）：______________ □ 否（No）

狩猎行为（Hunting）： □ 是（Yes） □ 否（No）

营养（Nutrition）

日常食物（Food）：□ 干猫粮（Dry Food） □ 湿猫粮（Wet Food） □ 两种都有（Both） □ 其他（Other）

食物类型/品牌及日常进食量（Type/Brand/Daily Intake）：________________________

常规预防保健（Prevention）

疫苗接种（Vaccination）：□ 是（Yes） 疫苗的牌子（Brand）：____________ □ 否（No）

上次免疫时间（Last Vaccination Time）：□ ≤12月 □ <24月 □ <36月 □ 从未（Never） □ 未知（Unknown）

体内驱虫（Endoparasite）：□ 是（Yes）驱虫时间（Time）：______ 牌子（Brand）：______ □ 否（No）

体外驱虫（Ectoparasite）：□ 是（Yes）驱虫时间（Time）：______ 牌子（Brand）：______ □ 否（No）

逆转录病毒状态（Retrovirus）：□ FeLV+ □ FeLV− □ FIV+ □ FIV−检测时间（Time Of Test）：________

抗体水平（Antibody Level）：FPV：_____ FHV：_____ FCV：_____

病史（Medical History） ____

____

图 4-40 动物基本资料表样式

体格检查时，猫可以选择待在任何地方（图 4-41、图 4-42），可以请求宠主帮忙安抚猫的情绪，为猫提供安全感（图 4-43、图 4-44）。

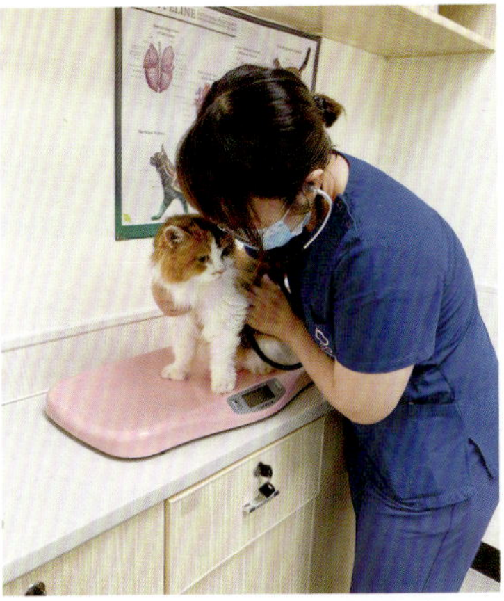

图 4-41　在体重秤上进行体格检查

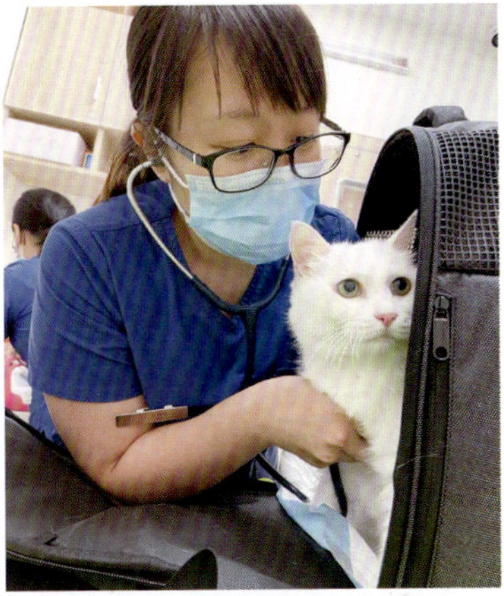

图 4-42　猫待在猫包内接受体格检查

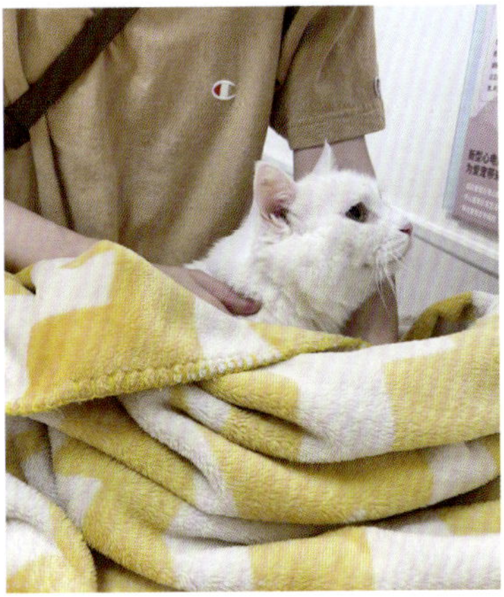

图 4-43　宠主安慰在诊疗桌上躲在毛毯中的猫

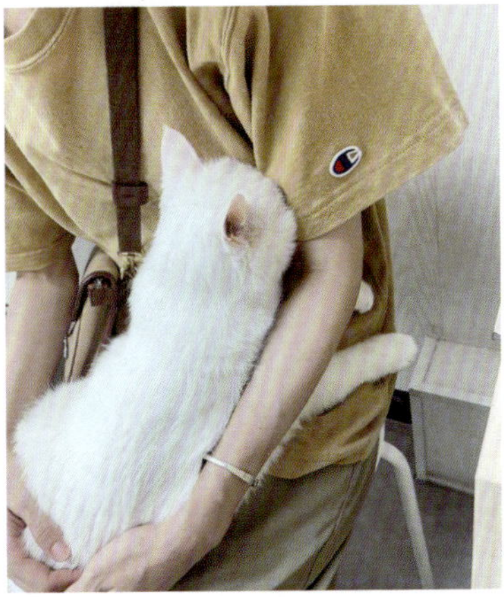

图 4-44　猫躲在宠主怀内以寻求安慰

刚开始与猫接触时，先观察猫的情绪，在猫允许的情况下，抚摸脸部、下巴（图 4-45 ～图 4-47）。进行体格检查时，视诊是最先开始的，其次是触诊。如果猫在诊室内走动，先观察其动作和步态，如果猫躲藏起来了，则先观察猫的外观、皮毛、

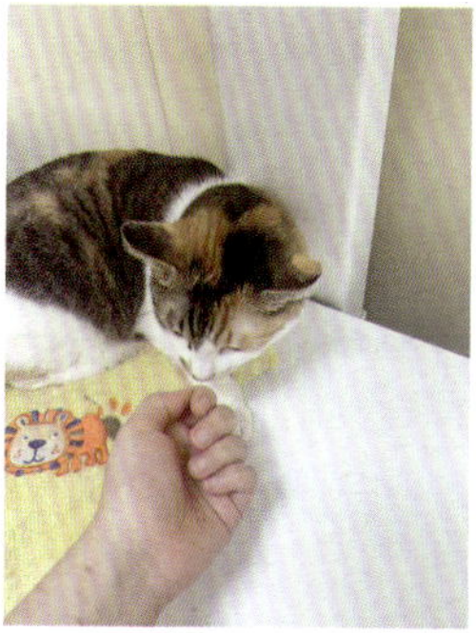

图 4-45　先缓慢靠近，让猫主动闻嗅

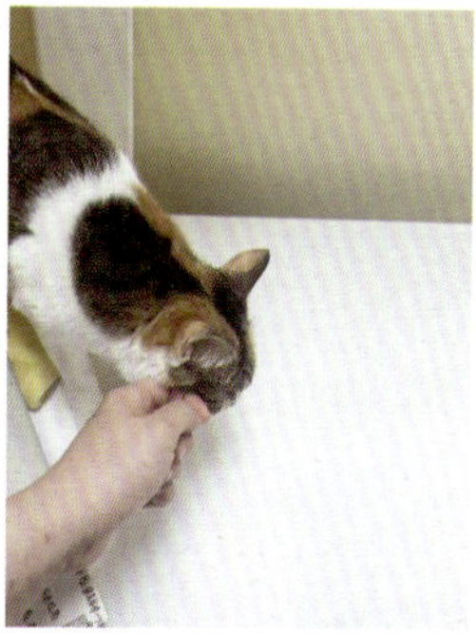

图 4-46　猫主动接触并用脸蹭人

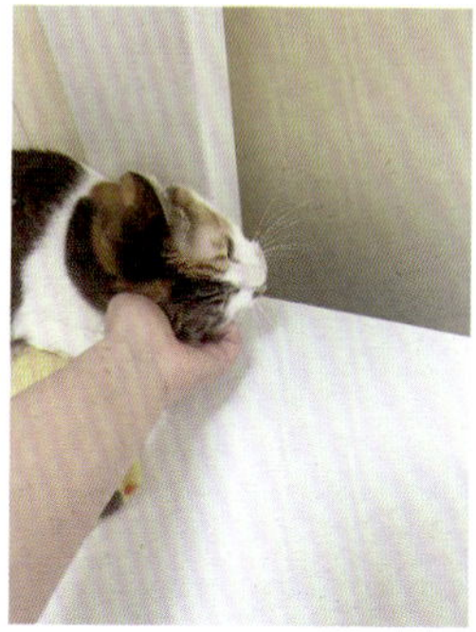

图 4-47　对猫进行友好的抚摸

体格状态、头颈部等，获取大体的主观印象。

在触碰猫后，先观察和触诊头颈部，例如眼睛的外观变化（眼睑、结膜、巩膜、角膜、前房、晶状体等结构），需要使用检眼镜等设备时可以放在体格检查较后的顺序，检查眼底和眼压时需要与猫面对面接触，此时要特别注意猫是否已经处于很紧张的状态或者出现强烈的保护性情绪，可能需要找一定的角度进行检查，尽量避免与猫直视。随后观察外耳道，建议把检耳镜检查放在体格检查较后的顺序。耳镜检查时，抓住猫的耳郭根部将镜头伸进耳道，温柔地拉伸耳道，以便于有更好的视野检查鼓膜。鼻部视诊和触诊后，如果猫能接受被打开嘴巴，那么可以进行口腔检查，但若猫比较抗拒或该操作可能会引起疼痛，则该检查可排在较后的顺序。口腔检查时缓慢靠近口腔，轻轻抚摸猫的面部，轻轻抬起嘴唇以评估颊齿面，注意不要牵拉猫的毛发，然后打开嘴巴查看舌齿面和口腔内部结构，对于呕吐的病例一定要检查舌根部，以免遗漏发现卡在舌根部的异物。对于非常抗拒口腔检查的猫，或存在明显疼痛时，可能需要考虑使用药物镇静止痛后再继续检查。

在头部视诊和触诊后，进行双侧下颌淋巴结和颈部甲状腺的触诊，接着触诊肩前淋巴结。然后顺势往下抚摸，进行躯干部的触诊，进行体况评分、肌肉评分、脱水评估，以及毛发质量的评估，同时寻找是否存在皮肤病灶。然后进行腹部触诊，前、中、后腹不同部位的触诊，接着是双侧股动脉的触诊和四肢、趾甲的触诊，还有会阴部的视诊。对于怀疑存在退行性关节病的猫，触诊四肢关节和脊椎时可能会引发疼痛，需要后面再进行。

使用听诊器听诊前，先让猫闻嗅，然后再缓慢接触猫。听诊时可站在猫的侧面或后面，一手轻轻抬起猫的胸骨，另一手握着听诊器轻轻地放在猫的胸壁上，听诊心音与肺呼吸音，注意听取不同区域的声音。听诊时避免用力压胸壁和听诊器，否则会造成人为的心杂音，要让猫感到放松，因为在紧张的状态下心率过快可能会产生动态性心杂音。最后进行需要借助设备的检查，例如检耳、检眼、测体温。对于看起来显著健康的猫，获取耳温或者腋下温度通常足以评估体温是否在正常范围内，测量肛温会引起猫不适，应把它放在体格检查最后的环节。让猫处在一个舒适的体温，避免牵拉猫的尾巴，肛温测量前体温计要使用肛表套及涂抹润滑剂。

测量猫体重时，可以引导猫自行走到体重秤上，利用食物、玩具或让猫自行探索，也可以用纸箱盖住体重秤，留个洞口，让猫觉得是可以安全躲避的地方，这样猫会自行走进去。但对于特别紧张和恐惧的猫，不愿意离开转运笼 / 猫包，可以先把整个转运笼 / 猫包连同猫一起称重，记录重量，随后在猫离开转运笼 / 猫包后再对其进行称重，两者相减即为猫的体重。

在体格检查时，必须全程对猫的情绪状态进行评估，及时发现猫的排斥行为，停止操作，以免进一步刺激猫，使得猫产生挫败感而采取激进的对抗行为反应。同时详细记录体格检查信息（图 4-48）。

体格检查

体温：________ 脉搏：________ 呼吸频率：________

1. 体重

本次体重：________ 上次体重（注明日期）：________

变化%（重量差）____________________________

2. 身体状况评分（BCS 评分）

□1非常差 □2体重不足 □3理想 □4超重 □5肥胖

3. 情绪状态

□活泼而警觉 □安静且警觉 □嗜睡 □迟钝 □过度活跃

□其他：____________________________

4. 面部

□正常

□头部倾斜

□异常（如伤口，肿胀，不对称）：________________

5. 眼部

□完全张开、明亮、无分泌物、肿胀和发红

□瞳孔大小正常，对称，瞳孔对光反射正常

结膜和巩膜：□正常 □苍白 □充血 □黄疸

异常（角膜、虹膜、晶状体）：________________

视网膜检查：□不需要 □需要检查结果：____________

6. 耳部

□正常 □异常（气味、分泌物、油蜡样、螨类）：______

耳镜检查：□不需要 □需要检查结果：____________

7. 鼻部

□正常 □异常（肿胀、不对称、单个或两个鼻孔分泌物流出、化脓/浆膜/出血）：________________

检查结果：____________________________

8. 水合状态/脱水评估

皮肤拉起：□正常 □异常

可视黏膜：□正常 □干/湿 □脱水%：____________

9. 口腔

齿列：□乳齿 □恒齿 异常生长：□是 □否

牙石/牙垢：□轻度 □中度 □重度

齿龈炎：□轻度 □中度 □重度

口炎：□轻度 □中度 □重度

舌头（舌/上下）：□正常 □异常（溃疡、肿块、包扎异物）

上颚：□正常 □异常（溃疡、肿块、异物）

咽部和扁桃体：□正常 □异常（炎症、异物、肿块）

____

10. 黏膜

□粉红色 □苍白 □充血 □黄疸

毛细血管再充盈时间：□正常 □异常：____________

11. 浅表淋巴结

下颌淋巴结：□不可触及 □可触及 □扩大

肩胛前：□不可触及 □可触及 □扩大

胴窝：□不可触及 □可触及 □扩大

12. 颈部

触及甲状腺肿大 □是 □否→ □单侧 □双侧

尺寸和位置：____________________________

13. 呼吸

呼吸频率和力度，呼吸杂音：□正常 □异常：__________

前肋弹性：□正常 □减少

叩诊：□正常 □浊音 □叩响增强

听诊：□正常 □异常（喘息、哕音、肺呼吸音改变）

____

14. 心血管系统

心率：____________________________

心尖搏动：□正常 □异常（异常:移位?震颤?）

心动节律：□心动过缓 □心动过速 □奔马律 □心律失常

心脏杂音：□有 □没有→分级：________/Ⅵ收缩/舒张

心杂音最强点： L/R 心基部/心尖部

脉搏：□正常 □虚弱 □脉跳跃 □缺如

L动脉和R动脉之间的差异：□有 □没有

15. 腹部

按压：□正常 □异常（肿块、疼痛）

肝脏：□正常 □异常（肿大、肿块、硬/软、不规则、疼痛）

肾脏：□正常 □异常（INC/DEC大小、不规则、不等大小、坚固、疼痛）

肠胃：□正常 □异常（内容异常、肿块、疼痛）

膀胱：□正常 □异常（收缩无力、非常坚硬、膨胀、增厚、疼痛）

□其他发现（如肿块、疼痛）________________

16. 皮毛和皮肤（请在图上是标记异常）

□毛发正常

□异常（脱毛、跳蚤、皮屑）：________

□皮肤正常

□异常（结节、肿胀、肿块）：________

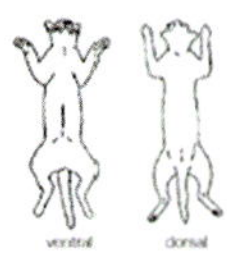

17. 肌肉骨骼系统

□无相关异常

□其他（虚弱、僵硬、跛行）：________

□需要进一步评估 □否 □是 ________________

18. 中枢和周围神经系统

□无相关异常 □其他 ________________

□需要进一步评估 □否 □是 ________________

其他发现/建议

总结（发现问题、与主人沟通简述）

图 4-48 体格检查表样式

5. 猫友好特定操作

（1）静脉采血　猫常用的静脉采血部位为内侧隐静脉、前臂头静脉、颈外静脉，选择哪个部位进行采血取决于猫的临床状态、情绪状态、体型等因素。采血前先准备好所需物品（图4-49），然后再根据猫喜欢的姿势进行辅助保定，剃毛时需要使用静音剃毛刀。

内侧隐静脉采血适用于不让触碰头部和前肢的猫，也适用于颈部或肘部有关节炎的猫，也可以作为常规采血部位。猫处于半保定状态，可以让猫前半身趴着，后半身侧躺，不用强迫猫完全侧躺，猫会失去控制感。采血时要根据猫的状态来调整保定的体位和姿势，可以是保定者右手挠猫的下巴安抚猫，左手保定猫的左后肢并对右后肢施加压力，让猫前半身趴着，后半身侧躺接受采血操作（图4-50）。也可以是保定者抱着猫让猫侧躺，左手托住猫的上半身并轻轻扶着猫的双前肢，右手轻轻保定猫的右后肢并对猫的左后肢施加压力以更好地暴露血管（图4-51）。通常需要一至两位保定者，一位采血者，宠主在采血过程中可以作为安抚猫的角色，或者给予零食分散猫的注意力（图4-52），但要提醒宠主不要被猫咬到，采血的后肢应保定不动，保定者轻压肢体使血管暴露，但不要紧紧握着关节，采血者握

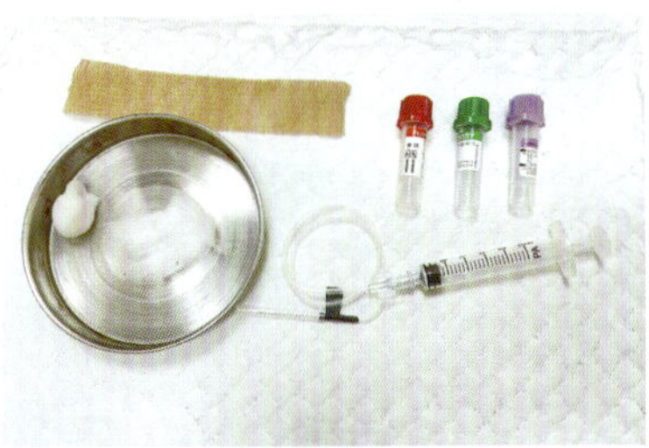

图4-49　采血前准备好所需物品

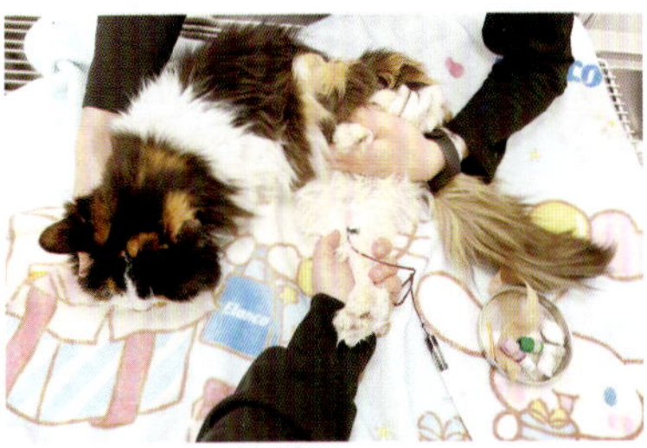

图4-50　猫前半身趴着，后半身侧躺接受采血操作

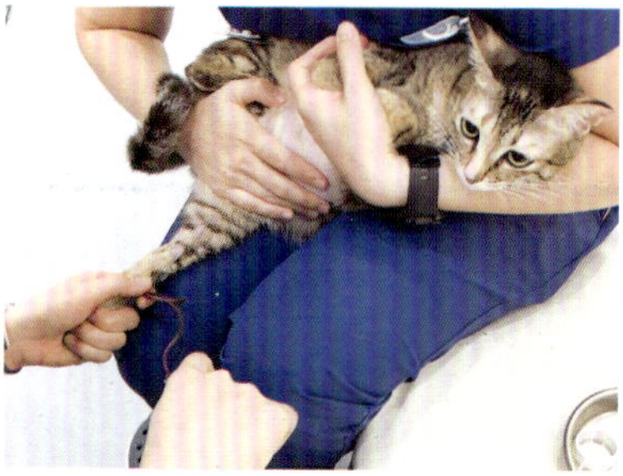

图 4-51　保定者抱着猫让其侧躺接受后肢采血

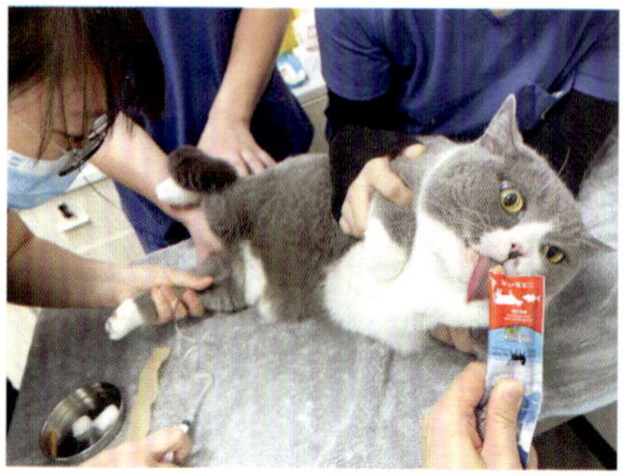

图 4-52　采血时使用零食分散猫的注意力

着后肢时不应过于用力或过度伸展肢体，会引起不适，甚至疼痛，也不要用力按压足垫。抽血后使用干棉球按压止血并用弹性自粘绷带固定，10 分钟后取下，提醒宠主要阻止猫自己解除止血绷带。

前臂头静脉采血时，猫可以蹲着、趴着甚至躺着。采血时要避免过度伸展肘关节，但要让前臂往前伸和避免回缩。采血过程中可以抚摸猫的脸部、下巴，或者给予零食，分散猫的注意力。如果猫想躲藏则可以用毛巾遮盖头部，也可以依偎靠在保定者身上，采血者要固定好前肢，避免紧紧握着和按压足垫。采血后同样使用干棉球与弹性自粘绷带按压止血。

颈静脉采血时，把猫的头部轻轻地抬起来，避免碰到胡须，不要抓着猫的前肢然后悬空于操作台边缘。如果猫提起前肢，可以用毛巾轻轻地包裹一下，对于比较活跃的猫，可以尝试用零食来分散猫的注意力，甚至采用无保定式采血（图 4-53）。

（2）使用留置针　静脉留置针通常会选择前臂头静脉，装置时尽量靠远端而非近端，注意穿刺部位要剃毛和消毒，准备好所需物品（图 4-54）。保定方式与静脉穿刺类似，固定留置针的目的是让留置针留在原地，但应尽量减少固定敷料的使用，猫通常无法忍受全腿被绷带包扎（图 4-55）。固定留置针应露出脚趾，以便发现是否出现水肿或脚垫颜色、温度改变，及时发现绷带是否绑太紧需要松解。要定时检查留置针是否通畅、是否出现渗漏、是否被污染，发现问题后要及时处理。拆除留置针时要注意不要剪到皮肤或者留置针套管，医用胶带粘在皮毛上时应使用溶胶产品，而不是直接把胶带连皮毛一起扯掉。

（3）皮下、肌内注射给药

针头大小要根据药物的黏稠度进行选择，一般来说针头越小引起的疼痛感越小。注射时注意进针角度和拔针角度要一致，注射时避免转动针头，皮下和肌内注射时匀速注射。皮下输液时，在猫能接受的范围内选择较大的针头，针头越大皮下输液速度越快，猫待在原地接受注射的时间越短，有些猫对于皮下输液的接受程度与时长成反比。在进行皮下和肌内注射时，尽可能采用无保定的方式，注射时对猫进行安抚或者使用食物分散其注意力，大多数

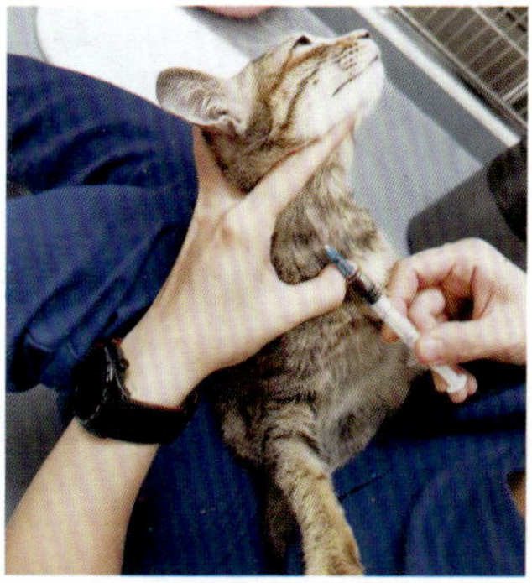

图 4-53　无保定的颈静脉采血

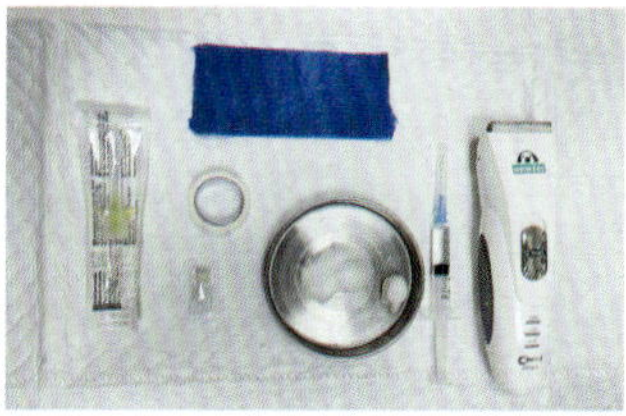

图 4-54　准备好穿刺留置针所需要的物品

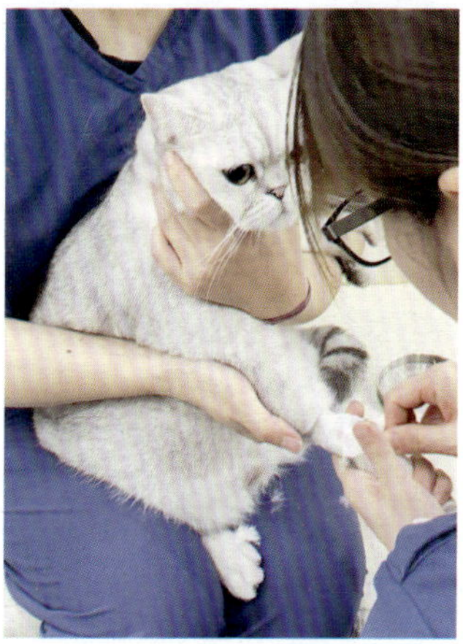

图 4-55　猫平静地接受静脉留置针穿刺

猫都不需要任何的保定，特别是皮下注射（图 4-56）。

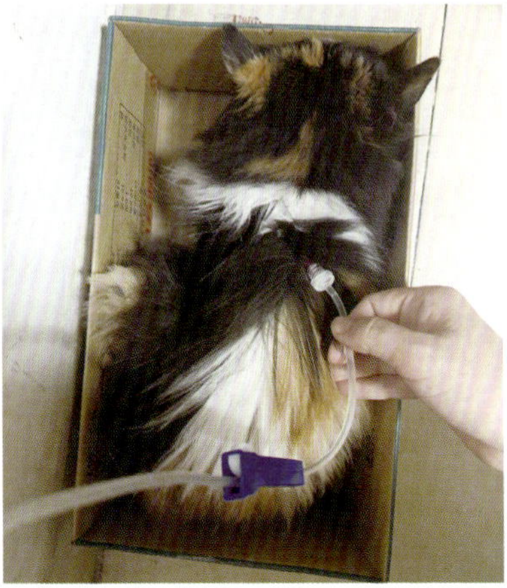

图 4-56　猫在箱子内平静地接受皮下输液

（4）测量血压　测量血压时要在猫放松的状态下进行，宠主起到很重要的安抚作用。选择合适的袖套，先让猫习惯袖套充气和放气的感觉。在使用多普勒血压计时要记得戴耳机。测量血压时，避免用力握住猫的肢体造成其紧张或者不适。如果使用电子血压计，除了选择猫的四肢远端外，也可选择猫的尾巴根部进行测量，在绑上袖套后，点击测量，若猫一直处于紧张状态且血压数值偏高，可以告知宠主如何使用血压计，让宠主操作，同时让宠主了解猫的体位变化对数值会有影响，尽量让猫保持不动，测量肢体没有被压迫，与心脏同高，然后医护人员离开诊室，由宠主自行操作，一段时间后医护人员再进入诊室查看数据（图 4-57）。

（5）超声检查　在常规腹部超声检查时，一般需要对腹部进行剃毛，猫仰躺在 V 形槽内，宠主在猫的头侧与猫轻声说话，安抚猫，或者用食物分散其注意力（图 4-58）。腹部超声检查可采取侧卧或者仰卧的体位，如果猫不愿意躺在 V 形槽，也可以躺在宠主或医护人员的大腿上，这样可以获得更多的安全感。对于仰卧在 V 形槽的猫，保定者只需要轻轻地扶着前肢与后肢即可，无需用力抓握，有些猫甚至躺着放松下来后不需要任何的保定，在舒适的体位姿势坦然接受检查。

对于心脏超声检查，一般要对猫的胸部相应位置进行剃毛，然后侧躺，保定者轻轻地扶着猫的前肢与后肢，宠主可在猫的头侧轻轻安抚或者用食物分散其注意力。要对呼吸困难的猫进行快速胸腔扫查时，如果超声机器是可移动的，应移至患猫处进行检查，而非移动猫，甚至猫可以在转运笼/猫包或者住院部笼内接受检查。此时猫趴卧或站立的体位都可以，侧卧或仰卧会加剧呼吸困难，可以剃毛也可以不剃毛，不剃毛的时候需要用液体把毛浸湿然后拨开，探头在此区域快速扫查，同时要注意患猫的状态。

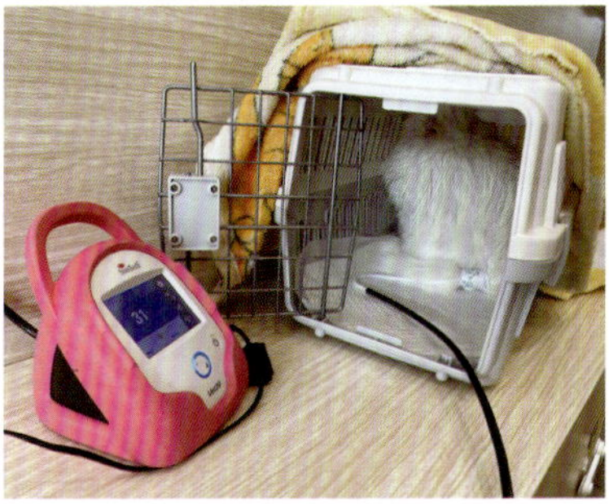

图 4-57　使用电子血压计测量血压

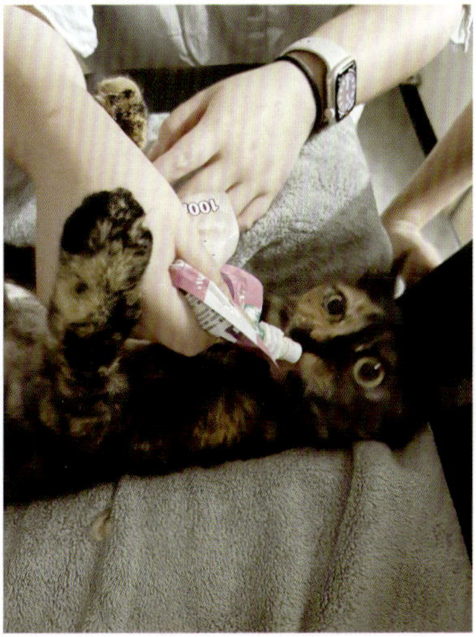

图 4-58　进行超声检查时可使用零食分散猫的注意力

6. 抗焦虑、镇静操作

理想情况下，就诊前应使用抗焦虑药物，如加巴喷丁等，对于过于应激的猫甚至需要推迟就诊/检查操作。无法推迟时，需要考虑使用安全的镇静与镇痛药物组合，以减少副作用和减小注射量。在某些情况下，猫出现保护性的对抗行为，应在保护性行为升级前给予镇静剂，可以避免过度保定和强制操作给猫带来的压力和负面影响（生理和心理上）。

第四节　建立猫友好住院部

一、住院部的布局设计

1. 猫友好住院部的空间布局原则

拥有猫专属的住院病房是猫友好的基本要求，这是减少猫的应激、增加猫舒适感的基础。猫住院部应在医院的布局规划中按照最大限度减少应激源的原则，做到多房间、一笼一猫、同一个空间尽量少猫，根据猫友好环境五大支柱进行设计。设置猫专用的处置区及传染性疾病的隔离住院病房。

2. 猫友好住院部的选址

住院部要设置在安静的区域，并且要做好隔音措施以隔离犬的吠叫声。通往猫住院部的通道也同样需要保持安静。住院部要相对密封、安全，避免猫逃跑或者藏匿，注意天花板、通风口、洗手池下水道等地方。同时需要方便到达，便于员工频繁、快速地前往猫住院部。

3. 猫友好住院部的环境要求

猫住院部建议空间全封闭，防止猫逃离和隐匿，保证猫的安全，但要做好通风，避免异味残留，保持空气清新。建议在住院部内使用合成猫面部信息素，尝试减轻猫的压力。

住院部要隔音且保持内部安静，避免外部噪声传入，不放置产生噪声的设备。可以在住院部内播放舒缓的音乐或专为猫定制的音乐，播放音量调至较低的水平。光线应柔和且明亮，可调控温度 / 湿度。可考虑部分墙体使用玻璃材质，便于在不打扰猫的情况下，随时观察。住院部每个房间内应有单独的清洗消毒设施，包括水池、消毒喷壶、地拖、抹布等（图 4-59）。

图 4-59　住院部内的清洗消毒设施

住院部内应有足够的操作空间，以进行简单的操作，例如抽血、测量体重、注射药物等，可以大大减少猫的移动。猫可以在住院笼内接受抽血、注射等操作，避免强制让猫离开住院笼而造成应激，这些操作要尽量避免在其他猫面前进行，且操作时要尽量远离笼位，考虑在住院笼前加上遮帘，或者在猫看不到的地方操作。

4. 住院笼及其管理

（1）材质　猫住院笼的材质应选用坚固、不透水、不反光、不发出异响、非光滑的材料。常用的不锈钢材质住院笼，非常耐用，且易于清洁，但其缺点在于表面温度低，可能会导致猫身体热量的流失。不锈钢材质较容易产生噪声，且金属面反射的影像可能会对猫造成压力。而白色的玻璃纤维是比较优质的猫笼制作材料，不易产生噪声且舒适，如果加工精良，也较便于清洁。如果是木质的笼具，较容易吸水，容易导致味道残留，需做好防水处理，而且常有难以清洁的死角位置，虽然触感比其他材质好，但消毒清洁会有难度，不是特别理想的住院笼材质。

住院笼的笼门也有不同的材质和样式。常见的有网格型笼门，需要留意其网眼的大小和形状，网眼太大时，容易导致猫（尤其是幼猫）肢体被卡住或逃脱。也有钢化玻璃门，它具有良好的能见度、降低了传染性疾病的传播、减少了猫逃脱或肢体损伤的概率，但其通气性较差，要注意笼内是否空气不流通。

图 4-60　住院笼加宽隔出猫厕所区域

图 4-61　住院笼应朝向同一侧摆放（一）

（2）大小　不同规格的住院笼，分别适合短暂留院观察或长时间住院。一般来说，住院笼稍大些更好，但过大不利于笼内操作。短暂留观住院笼仅需提供足以伸展身体以及放置食碗、水碗、猫砂盆、猫寝具的空间即可，建议最小内部规格为长 60cm、宽 60cm、高 55cm。长时间住院笼则需要提供更大的生活空间，建议的最小内部尺寸为长 90cm、宽 70cm、高 55cm。住院笼最好能加宽并隔出猫厕所区域（图 4-60）。

（3）摆放位置与布局　猫属于独居或半独居的动物，具有强烈的领地意识，当感受到附近有其他猫时，就会表现出警惕甚至紧张。因此，猫住院笼的摆放应尽量避免猫看见彼此，不应面对面摆放，推荐笼门为相同朝向的摆放方式（图 4-61 ～图 4-63）。如果空间狭窄，则住院笼应采用不透明屏障（如布帘）以遮挡视线。建议

图 4-62　住院笼应朝向同一侧摆放（二）

图 4-63　住院笼应朝向同一侧摆放（三）

将单层猫住院笼安置在高出地面约 90 ～ 100 cm 的架子上，方便工作人员观察和操作。双层猫住院笼，底层应至少离地 20 cm，因为猫不喜欢长时间待在地面上。住院笼不应放置太高，若为三层的住院笼，最高一层如果过高，可能会因为员工不方便触及而减少对猫的照看。

（4）笼内布置　猫住院笼内除了“生存”所需的食物、水、猫砂等之外，还需根据猫的习性布置合理的“生活”环境（图 4-64）。

图 4-64　住院笼内可添加猫窝让猫躲藏、休息

① 食碗与水碗。食碗和水碗应尽量分开，并远离猫砂盆，如果是单笼型住院笼，建议将猫砂盆置于一角，食碗、水碗置于对角。选择浅而宽的食碗和水碗，避免猫在进食 / 饮水时胡须碰到碗壁，造成抵触。避免使用塑胶材质的碗。

② 猫砂盆及猫砂。猫通常喜欢较大的猫砂盆，但住院笼由于空间限制，通常无法放置大规格的猫砂盆，但仍需尽可能选择合理尺寸的猫砂盆，也可选用一次性猫砂盆，更加方便卫生（图 4-65）。多数猫喜好无味、无粉尘、细颗粒的猫砂，医院内应该准备各种不同类型的猫砂盆及猫砂，根据猫平时的使用习惯 / 偏好来做选择。若要收集尿液，可选用不具吸水性的猫砂。另外，有些猫是很执着的，必须在平时使用的猫砂盆才排泄，否则会一直憋着，需要向宠主了解猫的生活习惯，请宠主把患猫习惯使用的物品带到医院（图 4-66）。

图 4-65 住院部可以选用一次性猫砂盆

图 4-66 该猫只肯在自己常用的猫砂盆排尿

③ 卧具。猫喜欢柔软的材质，讨厌光滑冰冷的表面。而住院笼的材质，无论是金属还是玻璃纤维均较坚硬。因此，应为猫准备舒适、温暖、卫生、柔软的卧具（如多层的毛巾、毯子）或平时习惯使用的卧具（图 4-67、图 4-68）。需要提醒的是这些材质通常会吸收水分，因此一旦弄脏必须迅速更换。

④ 垂直空间及躲藏空间。猫作为捕猎者，喜欢待在高处，既方便隐藏自己，也方便它们观察四周，能给猫带来安全感。因此，住院笼中应提供多层空间，让猫可以到达较高的位置。在笼内安装架子、安置垫高物（如小板凳、倒置的纸箱等）增加垂直

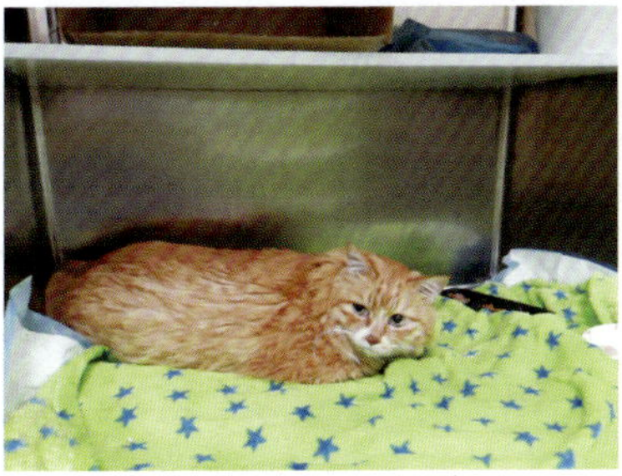

图 4-67　猫喜欢躺在柔软的面料上

图 4-68　猫喜欢在自己的篮子里睡觉

空间（图 4-69）。胆小、紧张的猫会寻找躲藏的地方，因此也要提供猫躲藏的空间，可准备横放的纸箱、猫屋、猫窝等（图 4-70）。若住院笼内空间大，甚至可以将猫自己的转运笼放在里面。

图 4-69　放置纸箱增加垂直空间

图 4-70 住院笼内放置猫屋

⑤ 提供熟悉的气味。环境的改变通常会让猫感到紧张，因此应尽可能让猫有“熟悉的感觉”。推荐宠主携带家中的物品（例如柔软的衣服、毯子或猫常使用的卧具）留在住院笼内以增加猫的“熟悉感”（图 4-71），

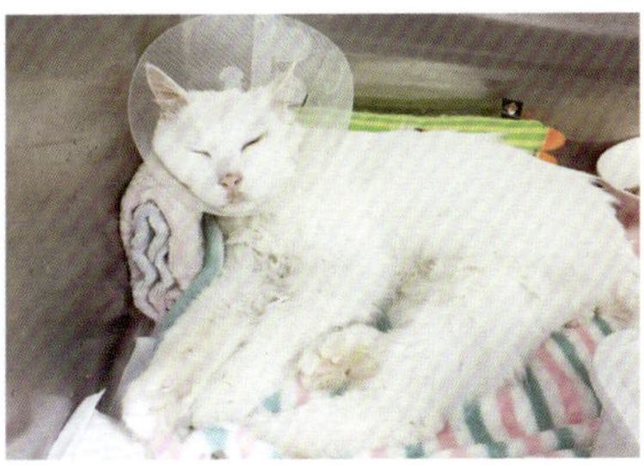

图 4-71　猫在有熟悉气味的毛巾上睡觉

这些物品可能在住院期间会被弄脏、破坏，须先让主人知悉。同样，推荐使用猫面部信息素营造猫熟悉的环境（图4-72）。

⑥ 玩具。猫活泼好动、富有好奇心，捕猎行为是猫的天性。因此，对于喜爱玩耍的猫（尤其是年轻猫或幼猫），可以准备玩具供其娱乐和释放压力（图4-73）。

图4-72　住院部内使用猫面部信息素扩散器

图4-73　为猫提供玩具

⑦ 视线隔离。用毛巾或毯子遮住笼门，同样有助于减轻其压力，可根据住院猫的需求，使用遮帘时可以全遮挡、半遮挡、不遮挡。全遮挡可以让猫有藏匿的感觉，产生一定的安全感，其缺点在于会阻挡工作人员观察笼内状况；半遮挡可以给猫提供选择，想看看外面的时候和想躲起来的时候都有地方可去；不遮挡的状态适合自信心强、喜欢探索和喜欢与人互动的猫。在笼内放置躲避盒，然后用毛巾半遮盖，提供躲藏空间（图4-74、图4-75）。

图 4-74　笼内的躲避盒用毛巾半遮挡以提供躲避空间

图 4-75　笼内的躲避盒用毛巾半遮挡

二、住院部的工作流程

1. 接收住院的工作流程

接收猫住院的工作流程见表 4-1。

表 4-1　入院流程

步骤	备注
1. 主治医生确定患猫是否需要住院治疗	住院猫的来源：门诊、急诊、手术、转诊
2. 主治医生与宠主沟通确定住院治疗	① 主治医生需向宠主说明患猫目前的疾病状态，初步治疗方案，预期治疗时间及费用，疾病的并发症、预后及住院风险，每天常规住院治疗费用，可能需要的检查项目、频率及费用，探诊时间及单次探诊时长； ② 若患猫状态较差，符合该院病危标准，主治医生需确保宠主已签署《病危通知书》（图 4-76）
3. 主治医生与住院医生沟通	① 关于宠主：主治医生应向住院医生说明宠主对本次治疗的想法、态度及经济能力，进行检查时是否需要提前告知，是否有特殊需求（如费用需要打折、患猫需要特殊照顾等）； ② 关于患猫：主治医生应向住院医生说明患猫的性情、病情、治疗思路、护理要点（疫苗驱虫史、起居饮食要点等），以及与宠主沟通的过程

续表

步骤	备注
4. 住院部准备笼位	① 住院医生根据患猫的情况确定笼位以及需要准备的设备，如患猫性格、体型大小、驱虫免疫史等信息，和患猫的病情状态，以及是否需要保温、需要监测的项目及频率、是否留置导尿管等； ② 助理根据住院医生的指示着手准备笼位及监护设备，做好入住前笼位消毒，准备好食盆、水盆，笼内铺好毛巾等物料
5. 宠主签署各项医疗文书	① 主治医生需向宠主引荐住院医生，并告知宠主该患猫之后由住院部进行治疗管理，每日的治疗方案将由住院医生与主治医生会诊确定； ② 住院医生再次向宠主说明该患猫的病情、可能涉及的大概费用、探病时间及时长、住院风险等问题，并引导宠主签署《住院协议》（图 4-77），《住院协议》一式两份，宠主、医院各留一份，如病情危重的病患需确保宠主已签署《病危通知书》； ③ 将宠主引导到前台缴费，并添加住院部联系方式，以方便沟通
6. 住院医生接患猫入院	① 住院医生将患猫接入已准备好的笼位，安抚其情绪，确保所需物品齐全； ② 宠主的自带物品必须标记清楚，存放好后须在《住院登记表》（图 4-78）中记录存放位置； ③ 住院医生或助理填写“住院卡”，包括患猫信息、宠主信息、诊断病名、护理等级、注意事项等
7. 完成病历文书工作	① 整理该病患的所有纸质协议，与门诊、住院部护理表格统一存放； ② 主治医生以及住院医生需要当天完成该病患的电子病历；
8. 其他工作	① 手术：对于术后住院的病患，需要手术室医生填写好《手术交接表》后，进行仔细的病情交接； ② 转诊：对于转诊的病患，需与宠主及初诊医院的医生沟通病情； ③ 老客户：建议由与其比较熟悉的医生进行沟通； ④ 流浪动物：与救助人明确费用以及预后，有多名救助人的病患，需指定一位救助人与医院进行沟通

宠物病危通知书

宠物姓名：_______ 宠物种类：_______ 宠物性别：_______ 宠物年龄：_______
宠主姓名：_______ 病历号：_______ 宠主电话：_______________

尊敬的宠物主人：

您的宠物_________现在我院进行诊治。

根据各项检查和医生经验目前诊断为________________________________，或出现以下症状的一种或几种：

1．全身性炎症反应综合征（SIRS）：体温低于37摄氏度或高于40摄氏度；心率高于180次/分钟或低于60次/分钟（犬），高于240次/分钟或低于120次/分钟（猫），呼吸次数超过40次/分钟；白细胞计算高于18×10^9/L或低于4×10^9/L；
2．急性肺损伤（ALI），各种原因引起的呼吸窘迫，呼吸衰竭，血氧低于85%；
3．各种原因引起的休克；
4．弥漫性血管内凝血（DIC）；
5．多器官功能衰竭（MODS）；
6．糖尿病酮症、中毒、中暑、低血糖性昏迷、高渗性昏迷；
7．肝衰竭、严重胰腺炎、急性肾衰、慢性肾衰3期以上；
8．败血症;腹膜炎；
9．感染犬瘟病毒（CDV）、犬细小病毒（CPV）；猫细小病毒（FPV）等传染性疾病；
10．各种原因引起的心脏病发作，心衰；
11．严重骨折，开放性骨折；
12．重症手术（风险Ⅳ级以上）术后48小时内；
13．过高或过低血压危象；
14．其它重症疾病；

上述情况一旦发生会严重威胁您的宠物生命，医护人员将会尽全力抢救。

为抢救您的宠物，医生可以在不征得您同意的情况下依据救治工作的需要对您的宠物先采取抢救措施，并使用应急救治所必需的仪器设备和治疗手段，然后履行告知义务，请您予以理解并积极配合医院的抢救治疗。

如您还有其它问题和要求，请在接到本通知后主动找医生了解咨询。请您留下准确的联系方式，以便医护人员随时与您沟通。

此外，限于目前本院医疗设备和技术条件有限，尽管我院医护人员尽全力救治您的宠物，但仍存在因病情过重宠物死亡的可能。请您予以理解。您将不追究本院和救治医护人员责任。

主诊医生签字：_______________

宠物主人意见：

我意识到我的宠物正处于疾病危急状态，我同意医生及助手对我的宠物进行正常治疗所采取的相应必要的措施，我理解医生不能做出完全有效的承诺，并由此承担在治疗及护理过程中发生的一切费用和相应的责任。

宠物主人签名：_______________ 日期：_______________

图 4-76　病危通知书样式

<table>
<tr><td>住院协议：</td><td colspan="3">动物主人______所带来的动物（动物姓名：______），因__________
______________________（病因）需要本院从_____年_____月_____日始对该动物进行住院治疗处理，本院已向动物主人说明该动物的病情及各项收费标准，动物主人于当天已向本院支付______元医疗费用，双方协商，同意签订如下协议：

1. 动物住院期间，本院必须按照诊疗守则和有关规定全心全力为动物进行治疗，病情变化会及时通知动物主人，因特发事件或严重疾病而导致治疗效果不佳或动物死亡，动物主人应予理解及不追究本院责任；
2. 动物住院期间，本院有权根据该动物的病情随时进行检查及改变处方用药，若动物主人不予支持及理解，本院有权停止对该动物的治疗，所造成的一切后果由动物主人承担；
3. 动物住院期间，动物主人需向本院缴纳足够押金，否则本院有权停止对该动物的治疗，所造成的一切后果由动物主人承担；
4. 动物住院期间，动物主人需保持联系方式畅通有效，若本院无法联系动物主人三天以上，视为动物主人主动放弃该动物的所有权，交由本院处理；
5. 动物主人必须向本院提供该动物的免疫程序证明及体内外驱虫用药证明，本院有权要求对该动物进行免疫抗体水平检测及体内外驱虫的操作，动物主人应予理解及支持；
6. 对于非传染性疾病动物的住院，如该动物尚未进行免疫/免疫已过期/免疫抗体不足的情况下，视为动物主人了解所存在的风险而选择住院，本院对该动物住院前后发生的传染性疾病不予负责；
7. 动物住院期间，若该动物吠叫导致本院被投诉，本院有权终止对该动物的住院协议，动物主人必须尽快前来办理出院手续并接走该动物，本院需退回剩余相关费用；
8. 动物住院期间，若该动物对住院/治疗设备造成任何损毁，视为动物主人愿意作出相应赔偿或购买该设备；
9. 住院期满，在本院通知动物主人前来办理出院手续后，若动物主人超过七天以上未前来办理出院手续或本院无法联系动物主人三天以上，动物主人未与本院续约的情况下，视为动物主人主动放弃该动物的所有权，交由本院处理；
10. 住院期满动物出现后发生任何情况与动物主人无关；
11. 在动物主人出现违约的情况下，本院将保留对其追究法律责任的权利；
12. 本院在法律允许的范围内，拥有对本协议的解释权。

动物主人：_______________　　医生签名：_______________
日期：_____年_____月_____日　　日期：_____年_____月_____日</td></tr>
<tr><td>是否签署病危通知</td><td>是　　否</td><td>是否同意对该动物进行抢救</td><td>是　　否</td></tr>
<tr><td>体表包扎：</td><td>已拆除　　回家拆</td><td>医嘱单：</td><td>主治医生确认：　　当天负责人确认：</td></tr>
<tr><td>出院负责人</td><td>医生签名：　　助理签名：</td><td>出院日期：</td><td>_____年_____月_____日</td></tr>
</table>

图 4-77　住院协议样式

<table>
<tr><th colspan="8">医院住院登记表</th></tr>
<tr><td>病历号</td><td></td><td>品种</td><td></td><td>入住日期</td><td></td><td>主人姓名</td><td></td></tr>
<tr><td>动物姓名</td><td></td><td>特征</td><td></td><td>入住时体重</td><td></td><td>联系方式</td><td></td></tr>
<tr><td>年龄</td><td></td><td>性别</td><td colspan="3">雌性　　雄性　　已绝育</td><td>主治医生</td><td></td></tr>
<tr><td>动物性情：</td><td colspan="5">勾选：对人友好　对猫有攻击性　易紧张　其他备注：</td><td colspan="2">注意：</td></tr>
<tr><td>病因：</td><td colspan="7"></td></tr>
<tr><td rowspan="3">喂食：</td><td colspan="2">普通喂食（住院粮）</td><td rowspan="2">驱虫：</td><td>体内</td><td>时间：</td><td colspan="2">药品名：</td></tr>
<tr><td colspan="2">自带：</td><td>体外</td><td>时间：</td><td colspan="2">药品名：</td></tr>
<tr><td colspan="2">频率：一天____次
（　　　　　）</td><td rowspan="4">免疫情况：</td><td>抗体水平</td><td colspan="3"></td></tr>
<tr><td>二便习惯：</td><td colspan="2">猫砂：</td><td>猫三联</td><td>时间：</td><td colspan="2">品牌：</td></tr>
<tr><td rowspan="2">体表/五官检查：</td><td colspan="2">正常</td><td>狂犬</td><td>时间：</td><td colspan="2">品牌：</td></tr>
<tr><td colspan="2">异常</td><td></td><td></td><td colspan="2"></td></tr>
<tr><td rowspan="2">既往病史/药物过敏史</td><td colspan="2" rowspan="2"></td><td>特殊要求</td><td colspan="4"></td></tr>
<tr><td>携带物品</td><td colspan="4"></td></tr>
<tr><td rowspan="5">收费标准</td><td colspan="7">住院费=笼位费+护理费+操作费，用药治疗、检查、用品费用等另算</td></tr>
<tr><td>笼位费：</td><td colspan="6">80元/天</td></tr>
<tr><td>护理费：</td><td colspan="6">重症：800元/天　　A级：100 元/天　　B级：50元/天　　C级：30元/天</td></tr>
<tr><td rowspan="2">操作费：</td><td colspan="6">日间操作费：皮下注射、肌内注射、口服给药、滴眼药，10元/每项/每次；静脉注射（已有留置针）、静脉采血，20元/次；灌食（包括经口及经管喂食），50元/天</td></tr>
<tr><td colspan="6">夜间操作费：收取上述日间操作费的双倍价格，另：血糖检测加收10元/次的操作费（不含耗材费用）</td></tr>
</table>

图 4-78　住院登记表样式

2. 住院照顾

① 所有住院猫都应填写住院卡，包括病历号、宠物姓名、主治医生、注意事项等（图 4-79）。猫随身的物品也应做好记录和存放，以免混淆（图 4-80）。工作人员每隔一段时间就要到病房巡视动物状况，砂盆中有结块的猫砂须尽快进行清理。

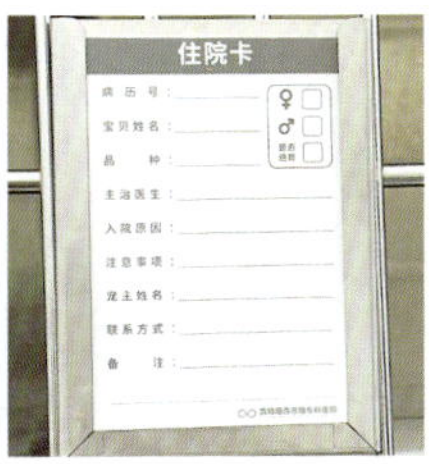

图 4-79　住院卡样式

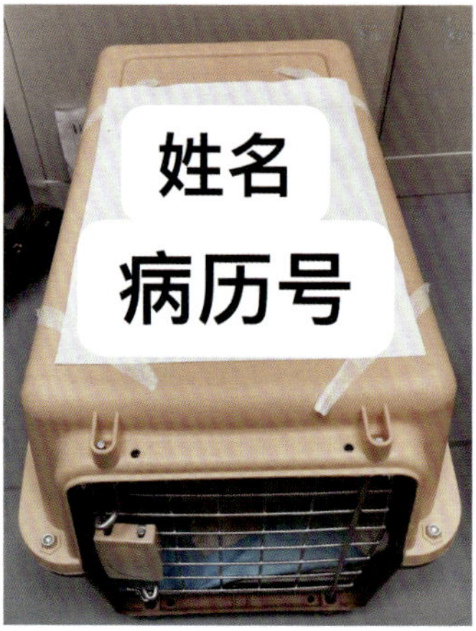

图 4-80 宠主带来的航空箱需做好标记

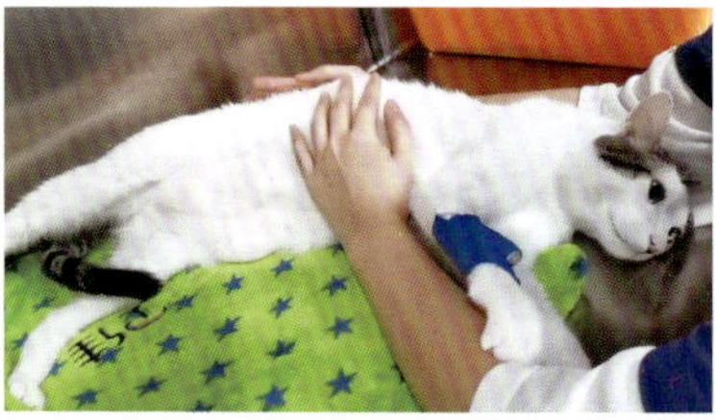

图 4-81 抚摸住院猫

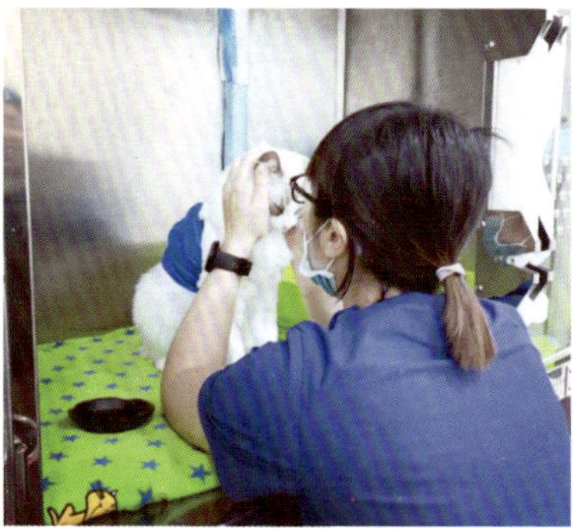

图 4-82 与住院猫互动

② 如果住院猫喜欢与人互动，可根据其需求进行抚摸、陪伴或玩耍（图 4-81、图 4-82）。

③ 所有住院猫都应有详细的日常住院记录，这些记录包括生理数值监控、处置、饮食记录、排尿情况、排便情况等。

④ 及时清洁住院笼内部，特别是在记录完排尿排便情况后及时清理猫砂盆，出现呕吐等情况的也要对笼内物品进行及时更换，但不要过度清洁，以免出现过多猫不熟悉的气味或者把猫的气味完全去除。

⑤ 兽医需对每项处置（包括剂量、途径）做出明确指示。

⑥ 操作人员应熟悉猫的肢体语言，并采用猫友好的操作（如毛巾保定法）。例如猫在住院笼内很紧张但又需要离开笼子进行检查时，可以用大毛巾将整只猫盖起来（注意要把头部盖好），然后再抱出来（图 4-83、图 4-84）。

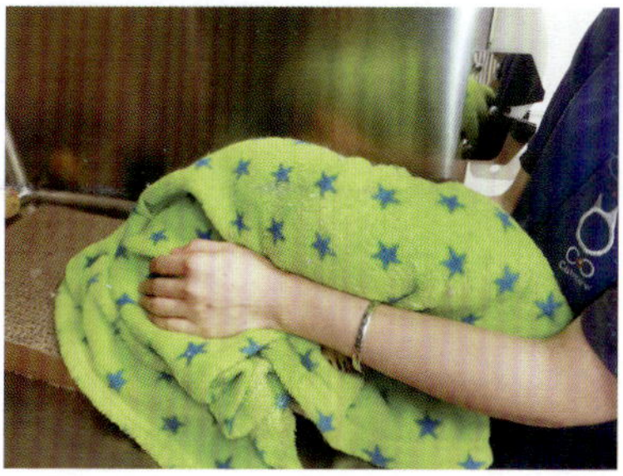

图 4-83　在住院笼内先用毛巾包裹猫

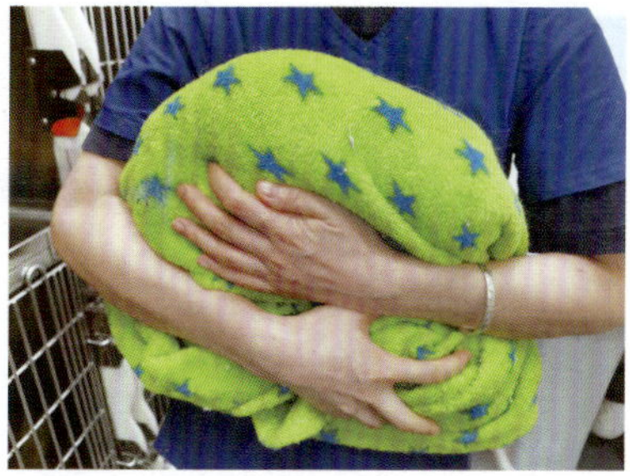

图 4-84　用毛巾包裹猫，再将其抱出

⑦ 每天对住院部做例行清洁和消毒（体重秤、体温计、耳镜、桌面等）。

⑧ 选择适合猫专用的消毒剂（如非酚类消毒剂）。

⑨ 针对住院时间长的患猫，如果猫有需求，需要适当增加笼外活动时间（图 4-85、图 4-86）。

图 4-85　增加猫笼外活动时间（一）

图 4-86　增加猫笼外活动时间（二）

3. 出院

根据出院流程进行操作（表 4-2），填写出院医嘱。在猫出院之后，所住笼位应进行彻底清洁和消毒，并且进行气味清理，避免之前的气味让新住院的猫感到不安。

表 4-2　出院流程

步骤	备注
1. 主治医生与住院医生决定动物是否可以出院	（1）确定可以出院后讨论协商出院医嘱以及后续的回访内容、复诊时间等； （2）准备好纸质版出院小结，以及可能需要带回的药物和粮食等
2. 约定宠主到院	（1）通知宠主到院办理出院手续，双方约定时间； （2）提前准备好病患的自带物品
3. 检查病患是否清洁	（1）确定留置针、止血绷带等已经拆除； （2）对患猫进行基本的梳毛清洁
4. 宠主到院	（1）住院医生向宠主说明患猫的病情； （2）详细说明回家的护理，手持纸质版出院小结与宠主逐项说明，包括在家如何用药、用药频率等，耐心教导主人护理的方法与要领
5. 交接确认	（1）住院医生再次与宠主确定是否理解回家护理的注意事项； （2）确认自带物品齐全，需要带回的药物和粮食齐全； （3）带宠主探望一下患猫，确认没有问题可以带回家
6. 缴费及约定复诊时间	（1）引导宠主到前台结账； （2）约定复诊的时间； （3）告知宠主若有任何问题，随时咨询医院
7. 完成病历文书工作	（1）整理该病患的所有纸质版医疗文书以及检查结果，统一存放，做好存档工作； （2）完成电子病历的书写

4. 隔离病房的工作流程

猫的传染性疾病并不少见，若未对传染病进行严格的管理，可能会导致院中其他猫感染。当医院接收患传染性疾病的动物住院时，需设置隔离病房。猫隔离病房的要求如下：

① 配备专用的清洗和消毒设施，并仅限隔离病房内使用；

② 最好只有一个单独的出入口；

③ 隔离病房进出口外应设置消毒池，进入病房应穿防护

服，如一次性围裙或罩衣、手套、口罩和鞋套，离开病房前应再一次进行消毒；

④ 理想情况下，隔离病房应采用主动（负压）通风系统；

⑤ 限制进入隔离区的工作人员数量，最好指定特定少数人护理隔离的病猫，以确保其得到足够的治疗，并减少传播感染的风险；

⑥ 进入传染病房者，应执行严格的卫生规程。

第五章

猫友好家庭护理

人类既然选择了与猫一起生活，就应认真了解该物种的习性，满足它们的物质和精神需求，看懂它们的肢体语言，懂得如何与猫沟通交流，进行适当的社交互动。本章内容主要介绍如何在家中做到“猫友好”，进行环境优化以及社交互动，引导和教育猫配合将来可能需要的家庭医疗护理操作，培养猫成为善于社交互动的猫，让宠主在家建立与猫互惠互利的关系，促进猫和宠主能与兽医团队建立积极的关系，最终实现猫、宠主、兽医团队三赢。

第一节 猫的环境需求与精神需求

一、家庭环境的特征

人类选择与猫一起生活，想拥有猫的陪伴，渴望亲密的身体接触与互动，同时掌握着猫生存所需的全部生活资源。人类认为陪伴是至关重要的，认为孤独、回避的状态是不满的表现，绝大多数宠主对猫有一定的社交互动的要求。

虽然猫是社会性动物，但与人和犬的社会行为差异较大，人类对猫的认知与猫的物种特性之间存在着巨大的差异，人与猫之间可能存在很多误解，当宠主把自己的社交陪伴需求直接投射到他们的猫身上，必然会影响猫的福利。人们通常认为猫需要同类的陪伴，会把非同一社会群体的猫直接引入到同一屋檐下，猫虽然可以被迫忍受非同一社群猫出现在同一空间与其分享生活资源，但仍需要获得自由的选择权。具体而言，猫要在需要时可以立即获得重要的生活资源；需要为其提供隐私保护；面对潜在的压力源时，有逃避和躲藏的条件等。这些需求共同构成了猫在家庭环境中对环境特征的基本要求，只有满足这些需求，才能为猫营造一个适宜的生活环境，促进其身心健康。

二、满足猫的行为需求

在家庭环境中，应满足猫的行为需求。猫在自己的领地中划分了不同的区域，在安全核心区域休息、进食、玩耍等。可以利用此区域内的三维空间满足猫在高处俯视、活动、躲藏等需求。如果猫仅能在室内生活，要确保室内环境为猫提供了满足其正常行为所需的条件。

在室内环境中，满足猫的行为需求要考虑：空间、生活资源、隐私、展现正常自然行为的能力。

图 5-1 利用猫树增加垂直空间

充分利用三维空间，不仅可以增加猫攀爬和探索的机会，对猫来说其实际活动空间也显著扩大了。可以利用猫爬架、猫树、墙上隔板增加垂直空间（图 5-1 ～图 5-4），猫喜欢在高处休息或向下俯瞰（图 5-5）。当猫面对潜在的威胁时，可以跳到高处远离危险或躲藏起来，为猫提供垂直空间有助于调整其压力。

图 5-2 猫在墙上隔板休息

图 5-3 猫在墙上隔板眺望

生活资源对猫来说至关重要，猫需要及时、自由地获得资源，否则会使猫的压力或猫间冲突增加，资源包括食物、水、猫砂与猫砂盆、休息区域、出入领地的安全点。家中应为猫提供足够的生活资源，如多猫家庭应准备多个食盒，以避免引发

图 5-4　猫在猫树上探索

图 5-5　猫在柜顶上休息、俯瞰

猫间冲突（图 5-6）。猫在进食、喝水、休息和上厕所时需要足够的隐私，应将重要资源放在远离窗户、玻璃门的位置，以确保猫的核心领地免受入侵。

图 5-6　多猫家庭猫进食

捕猎、玩耍、抓挠都是猫的自然行为。能到室外活动的猫，可以自然而然地表达这些行为（图 5-7、图 5-8），但只在室内生活的猫，我们需要为其提供可以表达自然行为的机会，可给猫提供猫抓板等，避免猫因无聊或无法宣泄而出现破坏家具的行为。

图 5-7　猫在室外活动

图 5-8　猫在花丛中探索

如果猫可以到户外活动，对于多猫社区，我们可以在家周边的户外增加抓挠区、休息区、躲藏区，提供室外厕所，设法增加猫观察巡逻领地的机会，或者在适当的范围阻止其他猫的进入，包括视觉的进入和实际的进入。

三、保证适当的社交互动

我们与猫互动时，应充分尊重猫的意愿。猫社交互动具有高频率、低强度的特点，而人类需要低频率、高强度的社交，如果长时间与猫互动或者过分亲密接触，猫可能会觉得有压力。猫喜欢没有任何身体上约束的接触，它们不喜欢被抱起、抬起或举起，这样会感到没有安全感，觉得失去了控制。让猫自己主动发起互动，它们可能需要更多的时间才会开始与人接触，更喜欢我们张弛有度地与其互动。猫之间互动也不能强迫，猫会倾向于跟有血缘关系（特别是母系）或者同一群体的猫互动（图 5-9），而不太愿意与非同一群体的猫互动。

图 5-9　关系要好的猫靠在一起休息

四、猫友好环境五大支柱

猫友好环境的五大支柱（图 5-10）包括提供安全的地方，提供玩耍和捕猎的机会，提供积极、一致且可预测的人猫社交互动，提供尊重猫嗅觉的环境，提供多种且独立的环境资源（食物、水源、厕所、抓挠区、休息 / 睡眠区、游玩区）。在家中满足猫对环境的这五大需求，对于猫的健康非常有益，有最佳的安全环境，才能减少不必要的保护性（消极 / 负面）情绪，增加投入性（积极 / 正向）情绪，让猫随心所欲表达自然行为，增加情绪输出，减少慢性压力对身体、认知、情绪健康（健康三角）上的负面影响。

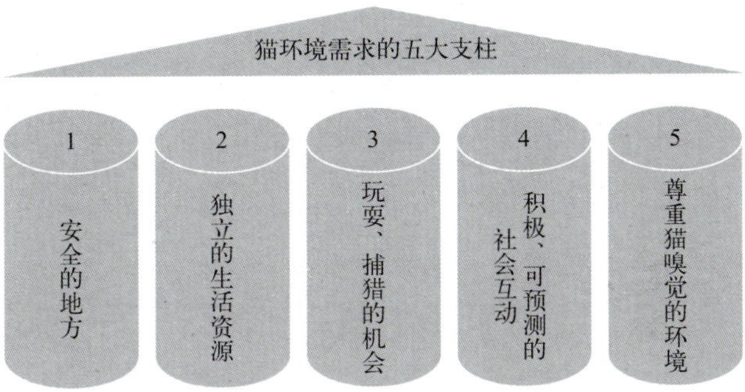

图 5-10　猫友好环境五大支柱

1. 提供安全的地方

猫需要安全可靠的核心领地，且只会与同一社会群体（猫群）的成员共享。对猫来说，环境的微小改变可能会对安全感产生很大的影响，例如增加猫爬架、墙上隔板、柜子、架子等，或使用纸箱、航空箱让猫躲藏等可以增加猫的安全感（图 5-11）。安全的地方是猫可以撤退、躲藏的地方，这样猫能感到受保护，如果猫看不到潜在的威胁，即使身体没有完全隐藏，猫也会稍感安全。猫放松时，安全的地方是可以休息和睡觉的，安全的地方也是免打扰和免入侵的，如果室外有其他猫盯着屋内的猫，这对家里的猫是一种侵犯，可以

图 5-11　猫窝外增加纸箱使猫更有安全感

使用窗帘、磨砂玻璃纸、隔板等遮挡窗户，也需要提防陌生猫跑进来入侵家里猫的地盘。

2. 提供玩耍和捕猎的机会

猫有不同的玩耍或游戏动机，社会性游戏动机是猫之间打闹的玩耍，主要出现在三岁以下同一社会群体的猫之间（图5-12）。物件游戏则是在猫社会性成熟之后主要的游戏形式，受欲望寻求和掠夺性行为的驱动，物件游戏是独自行为。

图 5-12　幼年时期同窝猫在玩耍

玩耍是猫行为中重要的组成部分，因为猫具有天生的捕猎行为，所以每天都需要进行大量的运动，以保证身心健康。生活环境中需要有各种各样的玩具刺激，以保持新鲜感，使猫对其感兴趣。使用逗猫棒可以模拟猫在捕猎时候的行为，如观察、定位、追踪、追逐、猛扑、杀死猎物、吃掉猎物等。逗猫棒有不同的使用方式，可模拟空中飞行的猎物，也可模拟地上行走的猎物，使用时尽量模拟猎物的运动特点。猫的玩具要选择合适的大小，可以让猫用嘴和爪子操控，或者可以让其抓住咬和用腿蹬（图5-13）。

图 5-13　猫在咬和蹬含木天蓼的猫抱枕

3. 提供积极、一致且可预测的人猫社交互动

对猫来说与人类互动其实很具有挑战性，人类偏向于低频率高强度的社交接触，期望有身体接触。猫与人类相反，它们喜欢高频率低强度的接触。人类很喜欢与猫进行密切身体接触的互动（图 5-14），但猫会觉得缺乏控制感。人类的社交游戏会一直持续到成年期，而猫在两到三岁时社交游戏就会减少，物件游戏会占主导地位，如果强迫进行社交游戏，可能会被猫视为威胁。由于上述提到人和猫两个物种的互动上的差异，造成了猫在人类家庭环境中可能会受到动物福利上的损害，如剥夺独处的时间、剥夺逃离社交互动的机会、反复被人类为了表达爱意而抱起来等亲密社交接触。

当猫想与人互动时，会缓慢眨眼，发出呼噜声，用脸蹭人（图 5-15），主动靠近人进行互动（图 5-16、图 5-17），或者在地上打滚，暴露腹部（图 5-18），但还是要避免揉猫的肚皮，因为大多猫都不喜欢这个动作。每只猫与人的互动行为可能不同，有些可能更想与人类亲近互动，会发出互动邀请，用脸和身体一直蹭，用头来顶，甚至用手轻轻拍，获取人类的关注，可能

图 5-14　人类很享受的身体接触，在猫看来可能是不得不忍受的互动

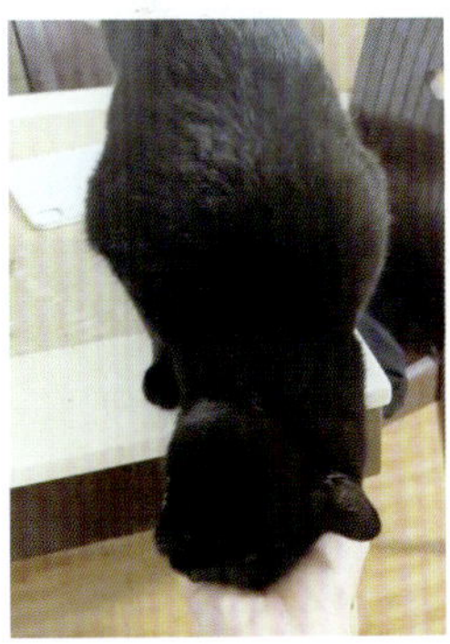

图 5-15　猫主动用脸蹭人

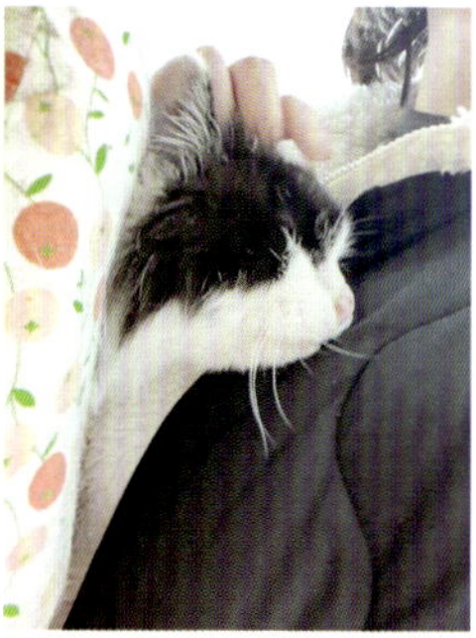

图 5-16 猫主动靠近人想要互动

图 5-17 猫主动靠近人想被抚摸

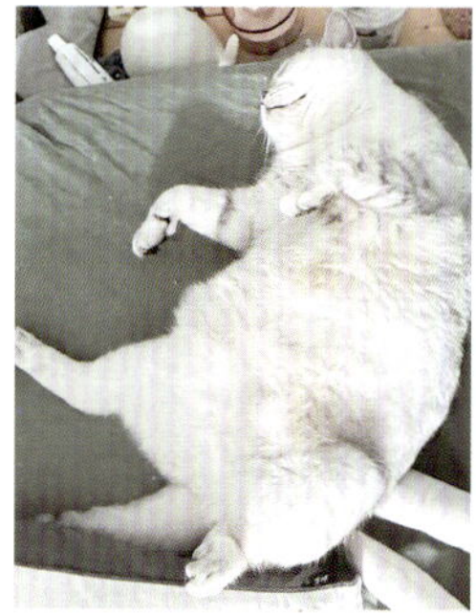

图 5-18 猫与人互动时暴露腹部

会在人的膝盖或身上躺很久，或者舔人，甚至尝试给人类理毛；但有些猫可能只会接受人类触摸其头部、背部，拒绝被抱起和坐在人类腿上。这跟猫的遗传和早期经历有关。如果猫想互动的信号被忽略了，也有可能会增加猫的压力，增加压力相关性疾病的发生。

人猫互动除了要在猫看来是具有积极性之外，还需要能被猫所预测，且具有一致性。不规律的互动时间或者方式，对猫来说可能难以适应。平时都是晚上与猫进行物件游戏，用逗猫棒与猫互动，突然变成了清晨就一直抱着猫，或者突然晚上不互动，可能会打乱猫的生活规律。可能引起猫的恐惧、焦虑，欲望寻求系统受挫，导致人猫关系质量下降，猫的生活质量也下降。

4. 提供尊重猫嗅觉的环境

除了提供安全的环境和躲藏的空间之外，环境中气味的管理也是营造猫友好环境的重要一环。猫的抓挠行为是猫之间气味信息交流的一种形式，在家庭环境中提供适当的抓挠区域，例如猫抓板，但要考虑猫抓板柱子的稳定性以及高度，尽量模拟猫在户外抓挠树干的状态（图 5-19、图 5-20）。另外，尿液标记也是猫交流的重要形式，如果猫觉得该领地区域可能存在威胁，有不安全的感觉，会进行喷尿标记，要是有其他猫跑到家附近甚至进入家里喷尿，这无疑对家养猫来说是一个巨大的挑战和引起恐惧的重要事件。猫的嗅觉比人类敏感，一些人类觉得无关紧要的气味，对猫来说可能相当刺激，甚至有些人类觉得会带来愉悦的气味，猫也很有可能不喜欢，特别是味道浓烈的香水。如果环境中存在猫不喜欢的气味或者有其他猫的气味，则会导致猫在室内不恰当的地方排泄、喷尿或者增加躲藏时间。

图 5-19 猫在使用模拟树干的垂直猫抓柱

图 5-20 款式多样的猫抓板和猫抓柱

5. 提供多种、独立的生活资源

生活资源是环境管理中至关重要的组成部分，也是猫赖以生存的基础，所以如果遇到了生活资源缺乏或分配不均、难以获得时，无疑会降低猫的生活质量，影响猫的动物福利，引起和激化猫之间的矛盾，降低人猫关系的质量。生活资源包括了食物、

图 5-21　生活资源是环境管理中重要的组成部分

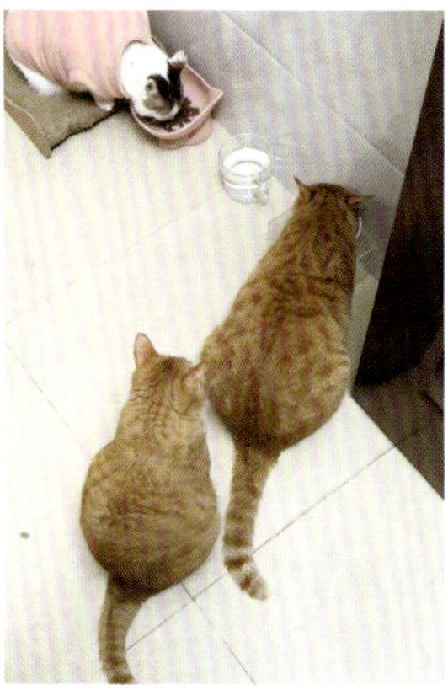

图 5-22　多猫家庭喂食时有些猫可能需要等待

水、猫砂盆及猫砂、休息区、睡眠区、抓挠区、游玩区（图 5-21）。

猫进食和饮水时，都需要单独进行。猫不愿意与其他猫分享食物与水源，当进食和饮水时旁边有正在等待的猫，这样会给正在进食和饮水的猫带来很大的压力（图 5-22），从而它们会选择尽快吃完然后离开。多猫家庭中比较理想的饲喂方式是在不同的空间喂猫，进食时没有其他的猫在边上，不担心食物被抢夺，在时间上也应尽量同步，毕竟先吃的猫会令后吃的猫不满。猫进食和饮水通常不在同一处，水和食物应放在不同的地方。进食和饮水时也需要保证猫有一定的隐私性，确保其能安心吃喝，避免把水碗和食盆放在窗户、走廊、门口等可能会出现干扰的地方。可以使用漏食器或益智喂食器，猫拨动喂食器后才会有少量食物掉出来，这样可以模拟猫捕猎获得食物的过程，从而增加猫的活动量和乐趣。现在的猫通常不爱喝水、不需要过多的水分，但室内饲养的猫或患泌尿系统疾病的猫可能需要增加其水分的摄入，鼓励猫多喝水就成为重中之重了。鼓励猫多喝水时，可以在食物中添加水或者增加湿粮的比例，提供流动的水或者用大碗盛的水，每个猫的喜好不一样，需要根据猫的情况选择它们喜欢的方式。有些猫觉得流动的水更新鲜，有些猫喜欢大盆静止的水而不喝流动的水，有些猫喜欢喝宠主杯子里的水（图 5-23、图 5-24）甚至鱼缸里的水（图 5-25）。可以在家里不同的地方多备几个杯子或多放几个水碗，猫可以走到哪喝到哪，从而增加猫喝水的次数，在冬天提供温水有助于鼓励猫多喝水（图 5-26）。

图 5-23 有些猫喜欢喝宠主杯子里的水

图 5-24 猫正在喝杯子里的水

图 5-25 有些猫喜欢喝鱼缸里的水

图 5-26 提供温水鼓励猫多喝水

猫砂和猫砂盆也需要做好管理。首先，每只猫可能对猫砂的喜好各不相同，通常来说细小颗粒会更像沙子，猫可能会觉得质感更好。另外，气味也很关键，尽量选择无味的猫砂，因为猫的嗅觉特别灵敏。注重猫砂盆的卫生，每天及时清理猫砂盆，定期对猫砂盆进行大清洁，以免气味残留。对于多猫家庭来说，可能需要准备比猫只数量多一个的猫砂盆，供猫自行选择，例如有两只猫就放三个猫砂盆。但同时需要注意摆放的位置，如果是一字排开（图 5-27），且进入的通道只有一个，那么即使有多个猫砂盆也无用武之地，有一只猫站在出入口，另外一只猫则无法“上厕所”。猫砂盆要选择摆放在安静且隐蔽的地方，避免放在门口、走廊、窗户等位置，最好在多个空间（房间）里都放置猫砂盆。猫在排便时会比较容易受到攻击，所以它们会保持警惕，使用开放式的猫砂盆可以便于让它们观察周围。

图 5-27　错误的摆放方式会使一些猫无法使用猫砂盆

在多猫家庭中，争抢休息区域也是引起冲突常见的原因之一。为了抢夺舒适且安全的休息区域，猫之间可能会出现对峙甚至大打出手。准备多个舒适和具有隐蔽性的猫窝，可以有效避免冲突。若两只猫虽然卧在同一张床上，但睡在对角线位置（图 5-28），且没有任何眼神交流，甚至所有的神情和肢体语言都有远离对方的表现，这提示猫之间可能存在矛盾。需要记住的是，虽然未观察到猫之间的打斗行为，也并不代表猫之间相处是和谐的，猫间关系的表现可能是非常微妙和难以观察的。

图 5-28　两只猫卧在床的对角

向宠主介绍家庭猫友好环境的五大支柱，提供有关环境优化的建议，保证每只猫的需求在家庭环境中也得到满足，是重要的客户教育内容之一，也是降低猫出现行为问题的风险、减少可能存在的慢性压力和提高猫动物福利的重要手段。

第二节　猫的营养需求

猫是严格的肉食动物，许多家养猫都拥有强烈的捕猎本能，而且它们是独立的捕猎者，会单独进食。它们通常猎食小型动物，其能量密度低，所以猫每天需要成功捕猎好几次才能满足基本营养需求，同时在捕猎时也会消耗大量的能量。猫具有独特的能量和葡萄糖代谢，其蛋白质和膳食牛磺酸需求高，对精氨酸缺乏敏感，无法将 β- 胡萝卜素转化为活性维生素 A，无法将色氨酸转化为烟酸。猫的营养独特性导致了猫对日粮的要求比犬等杂食性动物更加严格。

一、如何选择食物

1. 食物的种类

（1）干粮　干粮含有6%～10%的水分，或者含有90%以上的干物质，干物质是比较干粮和湿粮的营养素含量和价格的基础。市面上的干粮通常为膨化、烘焙颗粒，膨化和烘焙能让复杂碳水化合物快速熟化，提高消化率和适口性。另外，膨化过程中的高温会起到杀菌的作用，且干粮水分含量很低，也有助于防止细菌和真菌的增殖，易于保存。宠主只需要每天隔一段时间放一碗干粮在家，不用担心食物放久易腐败的问题，大部分猫可以自由采食干粮，它们会自行少量多次进食。干粮在一定程度上还有助于清洁牙齿，采食过程中的咀嚼和研磨有助于预防牙菌斑和牙结石的积聚。所以干粮既经济实惠又易于保存和饲喂，同时还利于牙齿卫生。高品质干粮的营养密度和消化率高，饲喂较少的食物就可以提供更多的营养素，而且还可以减少粪便量。

（2）湿粮　常见的湿粮有两种：一种是非全价、非营养均衡的零食产品，不含所有必需维生素和矿物质，只能作为全价日粮的补充食品；另外一种是全价、营养均衡的主食产品，含有鸡肉、鱼或禽肉副产品，添加了维生素和矿物质，可提供猫所需的营养素且配比均衡。购买时需要了解该产品是否可作为主食，非全价食品不能作为唯一或者主要的食物，否则会导致猫营养不良。湿粮适口性通常要比干粮好，消化率也更高，可以在全价、营养均衡的干粮基础上，加上零食湿粮改善日粮口感和风味，但零食不应超过总日粮的10%。

（3）家庭自制食物　如果宠主想自制猫的食物，首先应获得科学、营养均衡的配方，然后购买尽可能接近配方原料的食材，并确保每次购买的都一致。不能随意更换或去掉配方中的原料，否则容易导致营养不良，而且营养不良可能需要很长时间才会表现出相关症状。大多数宠主可能会从网络上获取配方，其营养是否均衡不得而知，即使有合适的配方，宠主也可能因为费用问题、获得原材料困难问题或者坚信某种食材更有营养价值，而改动配方中的原料，这会使家庭自制食物较为容易出现营养不均衡的情况。但家庭自制食物有一个好处，宠主非常了解猫接触到的所有食物原材料，对于食物不耐受或过敏的猫来说，进行食物排查试验会方便很多。

（4）生肉　生肉喂食方式在近几年掀起了热潮，有商品化的经巴氏杀菌或脱水的冷藏食品，也有宠主按照配方准备的生肉。生肉饲喂支持者认为生食更接近猫的自然状态，猫的祖先都是捕猎小型动物然后生吃，也列举了相当多的益处，但暂时未有科学证据提示喂食生肉对猫的健康更有利。但生肉喂食带来的问题却较为明显：第一是营养均衡的问题，上文中家庭自制食物也提到了自备食物存在多个导致营养不均的影响因素，生肉喂食也有同样的问题；第二是食品安全问题，无论是家庭自制还是商品化的生肉饲喂，猫和宠主都有感染病原菌的风险，特别是目前并没有针对非人类食品级肉类的检测。常见的问题是肉类被食源性病菌污染，直接饲喂生肉容易导致猫感染生病，即使猫没有症状，其病原体也可能会经过猫的粪便排出，传播给人类。大肠杆菌、沙门氏菌、弓形虫等都是可能经由猫生食后传播给人类的潜在病原体，煮熟食物可以很好地避免这一问题。如果宠主执意要喂食生肉，应选用经检测的人食品级肉类，并使用科学的营养配方，饲喂时应更加注意饮食卫生，饲喂前后要对所有的餐具及食物触碰过的表面进行消毒，未吃完的生食应尽快丢弃，不以使用自由采食的方式饲喂生肉，应小心处理喂食生肉猫的粪便。

2. 根据生命阶段选择适当的食物

一般来说，可以在幼猫 3 ～ 4 周龄时给予半固体食物，使用该商品粮时可以用少量温水浸泡后制成食糜，让幼猫尝试自行采食，然后在 6 周龄时完成营养性断奶，7 ～ 8 周龄时完全断奶后开始饲喂干粮。生长期猫的能量需求和营养需求比成年猫高，需要选用适合此阶段的商品粮食，但要注意此阶段不宜过度喂食，否则易引发肥胖。成年阶段的商品粮根据品种、体态、生活方式、是否绝育分为不同的种类，产品琳琅满目，可以选择一款适合猫的且猫喜欢的全价猫粮。进入老年阶段，猫静息代谢率下降、肌肉组织和体脂减少、活动水平下降，可能会出现一些老年病，选择适合老年阶段的猫粮可以保证老年猫的营养需求并有利于疾病管理。

3. 选择营养均衡、科学配比的食物

在选择猫的食物时，其营养素的含量以及生物利用率最为重要，食物应能提供足量且比例恰当的必需营养素，满足不同生活类型和生命阶段猫的需求。食物提供的能量足以维持理想体重以及最佳的生长状态，且能引起猫的食欲，易于咀嚼和消化，即使长期饲喂猫也能接受。猫在食用该食物时，应当有规律地排便，且粪便形态质量正常。还需要评估长期的饲喂效果，如毛发质量、皮肤状态、体格评分、肌肉评分等健康指标。缺乏营养素的影响并不会突然显现，例如牛磺酸、钴胺素、维生素 A 的缺乏可能在数月或数年才逐渐出现症状，可能导致饲喂某种食物数年后才会发现其营养素不均衡。因此，选择有技术背景的品牌食物，或者使用经过科学配比和检验的营养配方，可以避免营养素缺乏带来的危害。

二、如何饲喂

1. 猫的自然采食习惯

猫是严格肉食动物，其祖先要进行捕猎才能获取食物，现在的家养猫仍保留着它们祖先的捕猎本能和饮食方式。猫的猎物是小型动物，热量并不高，需要多次进食才能补足每天捕猎所消耗的大量能量。即使家养猫不需要捕猎就能获得食物，但它们大多保留着少量多次的采食习惯。

2. 室内猫的饲喂

完全室内饲养的猫，会限制猫的捕猎和觅食行为的表达。猫不需要通过努力就能获得食物，其消耗的能量大大减少，而且在室内环境生活的猫可能会感到无聊，无聊时会增加采食行为，采用自由采食的方式且不计算热量的摄入，很容易导致猫肥胖的发生。应计算好每日所需的热量，用厨房秤或量杯取适当的每日摄入量，分成多个小份，然后分多次给予。也可以使用自动喂食器，设定好每次饲喂的量。漏食器和慢食器可以增加猫采食时的活动量，猫需要操纵喂食器才能获取少量的食物，可以模拟猫的自然觅食行为。

3. 多猫家庭的饲喂

食物是猫不愿意分享的重要生活资源，在进食时旁边有其他猫的存在会使猫产生压力，会害怕其他猫来抢夺食物。在多猫家庭中，猫虽然可以同时在一个区域内进食，但这不代表它们乐意这样，在食物资源被人类掌握的家庭生活中，猫也只能被迫接受这样的安排。强迫一只猫在另外一只猫的附近进食，它们可能会选择走开，可能只能小心翼翼地进食，边吃边留意另外一只猫会不会来抢食，过于靠近可能会引发冲突，也可能在进食时狼吞虎咽，快速吃完后远离可能带来威胁的猫，尽快回到自己觉得安全的区域。

应设立不同的喂食区域。在多猫家庭中，需要了解家庭内猫社群的具体情况，从而在不同地方设立多个喂食区域，不同区域之间应确保有足够的距离并有遮挡。猫会在安全领地的核心区域进食，可以考虑在不同的房间或者是不同的高度，设立不同猫群的饮食区，饮食区要远离猫砂盆。

三、能量需求

处于不同生命阶段的猫有不同的能量需求，而且体况状态不同也有不同的能量需求。生长期幼猫的能量需求比成年猫高，5 周龄左右幼猫的能量和营养需求最高。处于快速生长期的幼猫每千克体重需要 200 ～ 250 kcal 代谢能，在 20 周龄时下降到 130 kcal 每千克体重，30 周龄时进一步下降至 100 kcal 每千克体重。年轻的成年猫每日能量消耗量约为 60 kcal 每千克体重，而中年猫则下降至 45 kcal 每千克体重。对于健康成猫，也可以利用现成的热量需求对照表决定每日喂食量（表 5-1）。

表 5-1　WSAVA（世界小动物兽医协会）理想体态健康成猫热量需求对照表

体重 / 千克	热量 /（kcal/ 天）
1.0	100
1.5	130
2.0	160
2.5	180
3.0	210
3.5	230
4.0	250
4.5	270
5.0	290
5.0	310
6.0	330
6.5	350
7.0	370

第三节 猫的家庭医疗护理

家庭医疗护理是猫健康管理中非常重要的组成部分，许多慢性疾病需要根据医嘱在家做好护理与用药，护理时也可以训练猫习惯一些医疗操作，使其更配合外出就诊。

一、猫的合作型护理

猫病患配合我们的医疗护理工作是许多兽医师梦寐以求的状态，这一点可以利用经典的条件反射进行训练，使用积极强化的操作性条件反射来教导所需的行为反应，与某些环境建立积极的情感联系，让猫在诊疗环境和护理操作中感到精神上和身体上的舒适，让猫自己决定与人类合作。总体目标是使猫对医疗就诊建立适当的认知和情感联系，让其能够平静地接受人类的接近并自愿配合医疗干预。

合作型护理的目的是让猫在本来会感到焦虑、恐惧和挫败的医疗护理过程中，变为感到舒适、放松和有掌控感。猫最初可能不会表现积极情绪和配合的动作，如何帮助猫建立自信并做出人类希望看到的行为，需要耐心地进行相关行为的连续强化训练。

训练时应循序渐进，例如训练猫接受剪趾甲的操作时应先让猫习惯被触碰爪部、熟悉趾甲剪的存在，使猫在听到类似剪趾甲发出的声音时保持放松，训练过程中不要引起猫的反感，给予猫充分的掌控感，只要猫想拒绝应立马停止操作，以免引起猫的挫败，强硬继续训练只会适得其反，让猫讨厌类似的操作。强制保定或拒绝猫离开，都会增加猫的焦虑、恐惧与挫败，使猫更想远离你和这个地方。另外，在训练时应注意及时奖励，使用零食作为奖励时，当猫做出我们希望看到的特定行为或动作时，需要及时地给予零食作为奖励，这样才能正向强化该行为或动作。

二、让猫适应体格检查

体格检查作为健康检查的重要组成部分，每一次就诊时都需要进行，宠主可以先行在家练习相应的处理方式以确保猫完全适应，这样不仅在家中可以进行简单的健康状况检查，同时也有助于猫熟悉这种操作、处理，使猫在医院中也能应对自如。

体格检查操作中的很多动作可能会使猫感到不安，但如果猫在幼年时就开始习惯相应的检查动作，那么成年后在医院检查时，这一检查过程就不会那么难以忍受。让猫知道这个操作没有威胁性，分步骤进行训练，循序渐进，当猫对每一步都适应了才开始下一步，在学习过程中让猫保持放松，使学习和教学更容易成功且过程愉快。训练时可以使用奖励的方式引导猫，譬如对于喜欢被抚摸的猫可以将抚摸作为一种奖励，对于喜欢零食的猫可以将零食作为奖励。先进行操作，然后给予奖励，重复操作并及时奖励，让猫知道配合操作后有奖励。可以进行声音标记，在给予奖励后立即发出特定的声音，多次重复发出声音并与奖励配合，让猫知道这个声音预示着奖励的到来，让猫知道它所做的行为是我们想要的、是会有奖励的，猫会在听到这声音后表现出期待（图5-29）。先进行操作，再及时给予奖励，猫会学得更好。

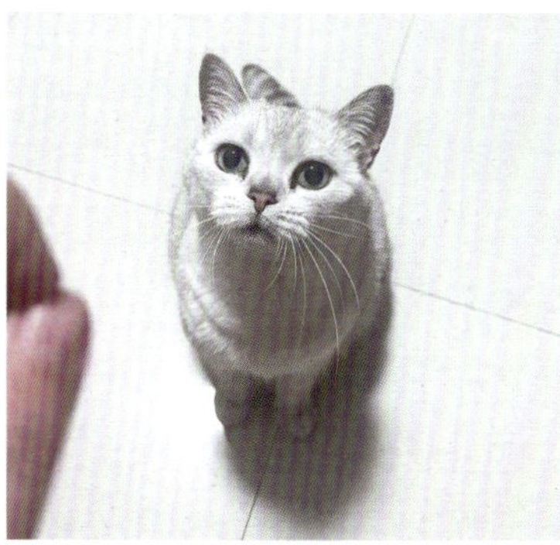

图 5-29　猫在期待奖励的到来

接受检查的操作训练应始终保持在猫感到舒适的范围

内，从最简单和最容易耐受的形式开始，然后慢慢地、渐进式地针对猫可能较难忍受的其他动作或操作进行适应性训练。训练时，操作的时间应该严格控制，长时间的操作会让猫感到不适或无助，操作时通过奖励让猫保持放松。在操作时应始终留意猫的肢体语言，猫在任何时间有不舒服或者挣扎的表现时，应立即停止操作。待猫放松后，再次从猫比较容易接受的操作开始循序渐进地进行相应的操作。

1. 毛发、皮肤检查

进行毛发和皮肤检查时，需要逆向拨开毛发，通常这不是抚摸猫的方式，猫可能会感到不安，所以可在家提前进行适应性训练。

让猫先背对你，这样对猫来说威胁性较小并会感到舒适，使用奖励的方式进行训练，先操作然后给予奖励。在猫耐受的区域先进行正常的抚摸或梳毛后给予奖励，猫能很好地耐受这个步骤后，再尝试把毛发拨开或者逆向拨开（图 5-30）。如果猫不太能接受应立即停止，等待猫放松后顺毛抚摸并给予奖励，之后再次尝试把毛发拨开。当猫做出我们想它做的行为时，例如猫能接受把毛发拨开或者逆向拨毛的操作，应立即给予奖励，帮助猫建立积极的条件反射。循序渐进地抚摸不太耐受的区域，可能需要多次尝试，切勿心急。

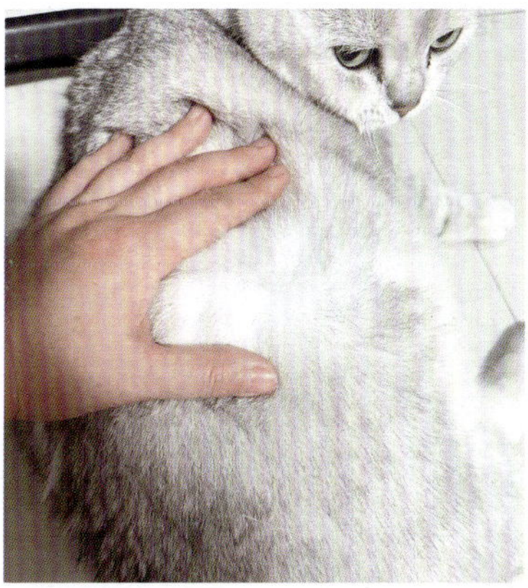

图 5-30　猫平静地接受毛发被拨开

家庭护理中可能会涉及使用预防体外寄生虫的药物，大多药物是体外滴剂，涂抹在颈背部的皮肤上，需要把毛发拨开再涂药，如果猫已经习惯了毛发被拨开，那么这个操作就会变得简单。我们训练猫接受皮肤涂抹药物时，可以使用涂抹器模仿给药让猫体验相似的触感，把毛发拨开轻轻地将涂抹器接触皮肤，拿开后给予猫奖励。猫适应这些操作后，会配合接受涂抹药物，记得完成操作后要给予猫奖励。

2. 爪部检查

猫很不喜欢被触碰或者握住爪部，但是爪部的检查不仅在医疗检查中很重要，在家庭护理中也十分重要，例如为猫剪趾甲。因此，有必要在家练习对猫爪部的操作处理，让猫熟悉操作时的感觉，习惯被触摸、握住、举起爪部来检查和剪趾甲。先从最容易耐受的操作开始，让猫缓慢接受对前爪的轻轻触摸，使用食物或者抚摸等奖励机制，在猫表现出我们期望看到的行为时及时奖励。当猫完全适应了这一操作步骤后，可以开始下一步，例如把前爪举起来，同样地使用正强化训练，当举起爪子的时候猫依然表现平静，给予奖励，但如果猫表现抗拒或不适，要停止操作，等待猫再次放松，然后回到上几步的操作。当猫习惯了前爪和后爪被抚摸和被抬起后（图 5-31、图 5-32），可以逐渐轻轻地施加压力以露出趾甲（图 5-33）。

图 5-31　训练猫主动递手

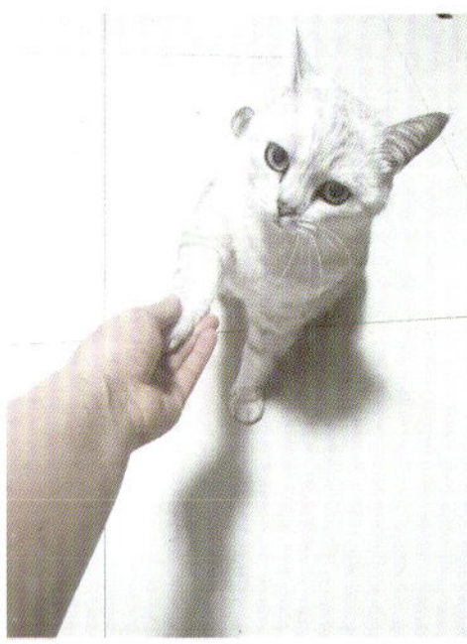

图 5-32　训练猫接受握住前爪

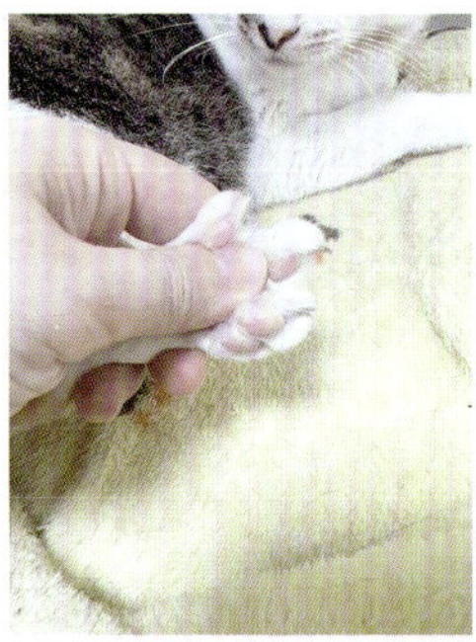

图 5-33　猫可以平静地接受被捏住爪部暴露趾甲

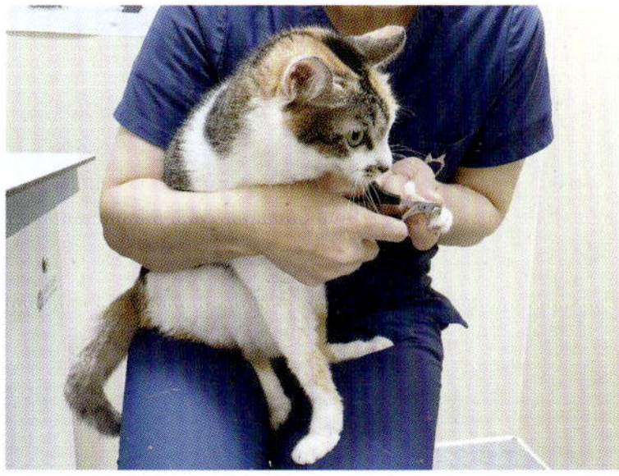
图 5-34　猫接受剪趾甲的操作

剪趾甲时刚开始先让猫适应趾甲剪的存在，例如你拿着趾甲剪，让猫去主动探索，随后将趾甲剪缓慢靠近猫，若猫对趾甲剪的存在表现出放松和平静，给予奖励。接着让趾甲剪缓慢靠近猫的爪部并轻轻触碰，再次奖励猫。对于剪趾甲时的声音，可以使用其他相近的声音让猫熟悉，例如剪干意大利面的声音。记得及时奖励猫平静、冷静的行为，剪趾甲时也要注意不要剪太短，避免造成疼痛和流血，这是非常负面的体验（图 5-34）。

3. 口腔检查

口腔检查的训练需要分解成不同的步骤，从最易耐受的部分开始，可以让猫背对着人，先轻轻触摸嘴巴一侧的嘴唇或者下巴的皮肤（图 5-35），猫表现接受和平静时给予奖励。随后开始下一个步骤，尝试用手指抬起猫的上唇暴露牙齿（图 5-36），或下压下唇暴露牙齿，结束操作并给予奖励，刚开始的操作时间应较短。当猫意识到这种抚摸和撑开嘴唇、暴露牙齿的动

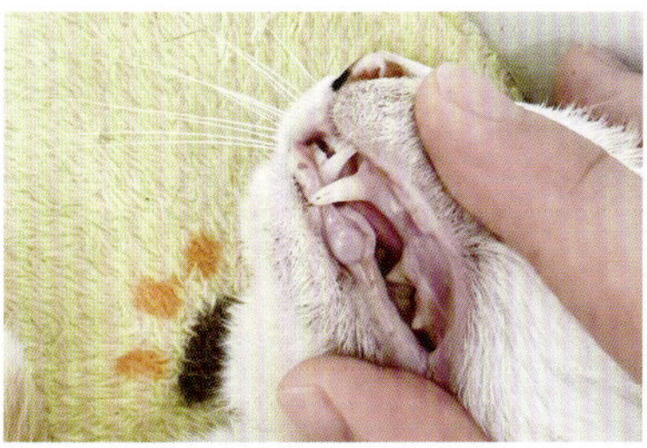
图 5-35　猫平静地接受从侧边拉开上下唇皮肤

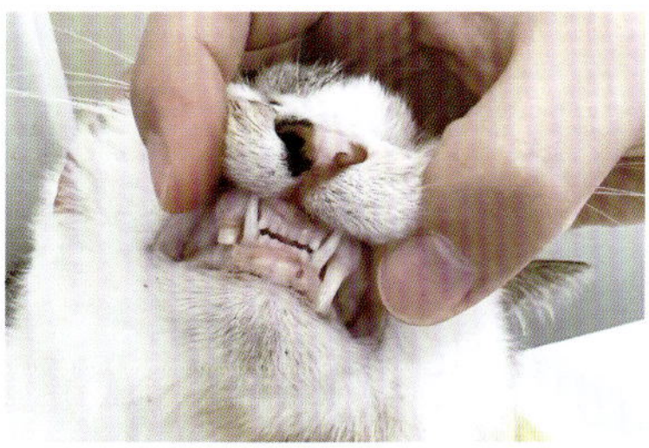
图 5-36　猫平静地接受两侧上唇皮肤被拉起以暴露牙齿

作与奖励相关，可以逐渐增加抚摸和操作暴露牙齿的时间。让猫张嘴的操作是一只手放在猫的头上，用拇指与食指抬起两侧上唇，另一只手的手指放在下颌前部轻轻向下按压，促使猫张开嘴巴，若猫接受操作时仍保持冷静，应及时给予奖励。在任何阶段只要猫表现出不适或抗拒（图 5-37），应立即停止操作，让猫休息，可以用抚摸来安慰猫，帮助猫尽快平静下来（图 5-38）。

图 5-37　下压下唇时猫表现出抗拒

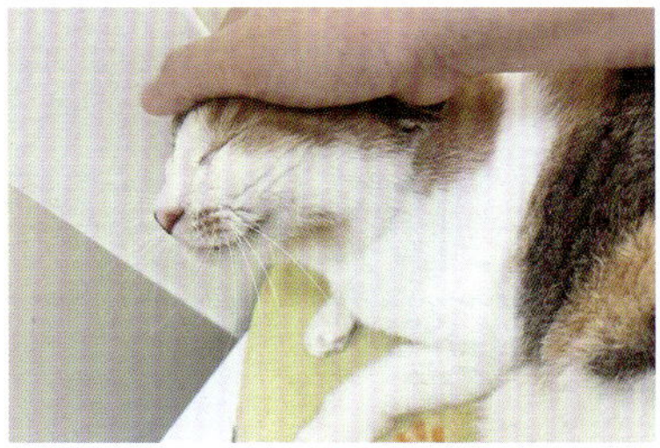

图 5-38　抚摸猫使猫平静下来

在家里护理时，可能需要给猫口服药物，在训练猫平静地接受打开嘴巴的操作后，下一步可以使用注射器或其他器具让猫熟悉被喂药的动作，将其轻轻放在猫的嘴里，并且给予奖励，也可以使用一些流体食物（如肉酱、肉泥）放在注射器中，挤入猫的嘴里，让猫适应注射器或其他的器具放在嘴里并且有食物进入嘴巴，那么以后喂液体药物的时候，猫会配合操作。如果药物是片剂，还需要其他的喂药技巧，可以使用喂药零食或者食物包裹药物，但无论何种剂型的药物，让猫习惯接受被打开嘴巴的训练会有很大的帮助。

4. 耳部检查

耳部检查包括耳朵外部皮毛覆盖的部分以及耳朵内部的检查，在家适应相关操作可以让猫在就诊时应对自如。耳部检查时，可能需要将耳朵往后折叠（图 5-39），这会让猫感到不舒适，所以在训练时应将积极奖励与此操作进行联系，帮助猫将这种抚摸耳朵和折叠耳朵的操作视为积极的事情。顺序依然是先进行操作，再给予奖励。猫表现出抗拒的时候，要停止操作，让猫休息一下，但此时不要给予奖励，因为猫可能会将拒绝与奖励联系起来，会产生负面强化。等猫放松下来后，可以回到轻柔抚摸的步骤，先触摸猫喜欢被触摸的耳朵区域，然后再重新试试之前的耳部检查操作，当猫在折叠耳朵的时候依然保持平静，可以给予奖励。家庭护理中可能涉及外耳道的清洁或者上耳药的操作，与上文一样，可以使用类似的器具来接触猫的耳朵，让其适应这种触感。

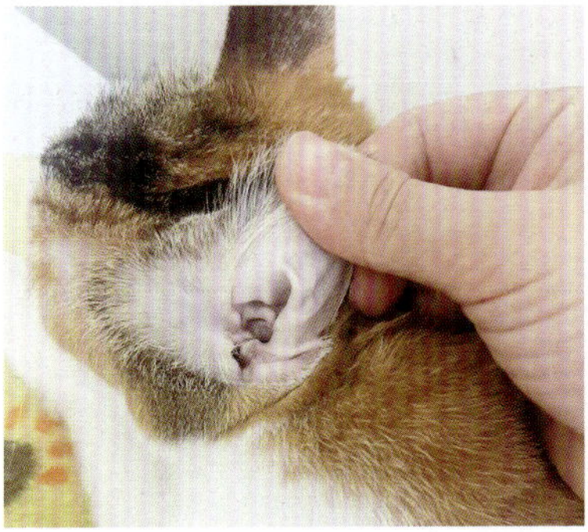

图 5-39　猫平静地接受耳朵被折叠

5. 眼睛检查

进行眼睛检查操作训练时，应让猫背对着人或在猫的侧面进行，先让猫感到放松。眼睛检查时需要用食指和拇指轻轻地将猫的上下眼睑分开（图 5-40），尽可能露出更多的眼球。为了让过程变得可以接受，依然使用奖励机制、建立积极的联系。刚开始先简单地触摸眼睛的上下方的区域，从最容易耐受的动作开始，观察猫能否接受这样的操作，猫表现得放松和平静接受时及

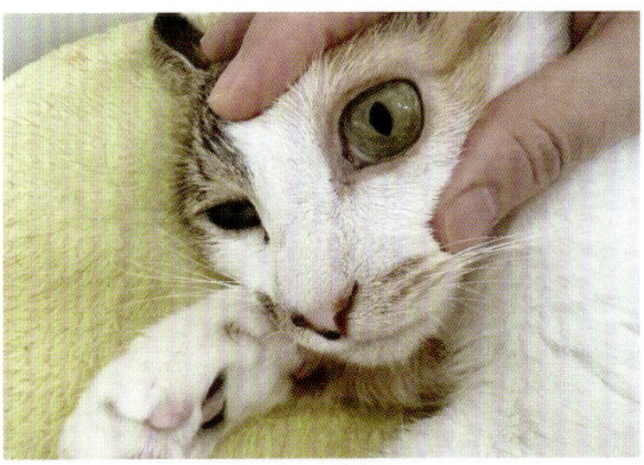

图 5-40　猫上下眼睑的皮肤被拉开

时给予奖励。确保猫能完全适应被触摸眼睛的上方和下方，并能接受轻轻拉开该区域的皮肤以露出更多的眼球。在家庭护理时可能需要使用滴眼药，练习上述的操作有助于猫适应被触摸眼睛附近的皮肤以及被撑开眼睑，可以使用类似的眼药水瓶子代替进行练习，让猫适应药瓶接近眼睛并保持放松。猫看不到药瓶从前方靠近会比较放松，可以从猫的后方或侧方缓慢靠近。

三、让猫适应基本保定体位

对于猫的医疗护理操作，最好的保定就是不保定，让猫自然配合，所以提前让猫适应可能需要进行的保定体位并保持不动，会有非常大的帮助，虽然在医疗护理操作时应尽量减少对猫的操控，但某些情况下依然需要特定的体位以提供操作空间。做腹部超声时猫可能需要仰躺在V形槽内（图5-41），那么猫在家时可训练同样的仰躺姿势，使用奖励机制，先从仰躺开始，逐渐增加仰躺的时间，并且对腹部进行触摸。训练依然是从最能耐受的操作开始，待猫能完全接受和适应后，逐渐加大难度。做心动超声时，通常需要猫侧躺并且手脚被束缚，以保持合适的体位接受检查，猫对于手脚被束缚会感到失去控制感，提前接受家庭训练会有很大的帮助，让猫在被束缚时保持冷静。一些采血或者穿刺留置针的操作（图5-42），需要对肢体进行按压，家庭训练时可以先训练猫接受被抚摸手脚，猫适应后再尝试举起猫的肢体，同样等猫习惯以后再开始对肢体轻轻地施加压力，模拟采血时按压肢体的动作，如此一来，将来猫被采血或穿刺留置针时，会比较容易适应保定动作，从而减少应激。

四、让猫适应家庭医疗护理操作

一些医疗操作可能需要在家进行，例如口服喂药、皮下输

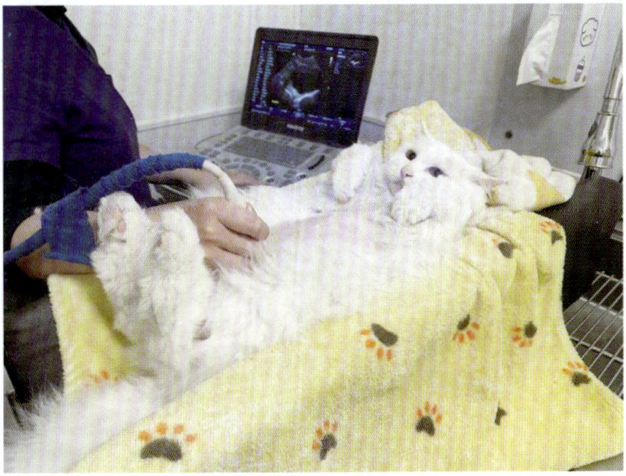

图 5-41　猫躺在 V 形槽内接受腹部超声检查

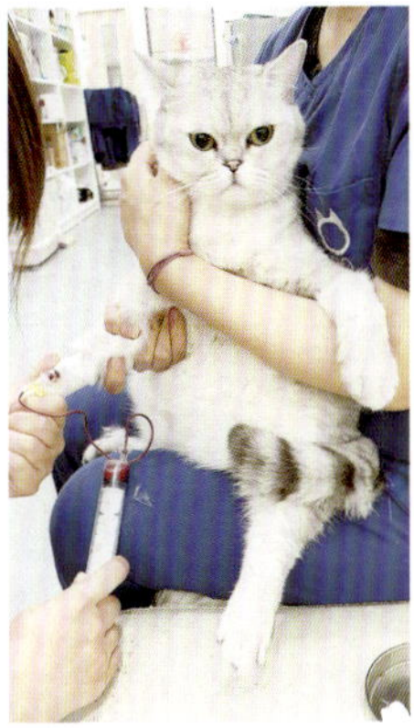

图 5-42　猫坦然接受前肢穿刺留置针

液等，让猫循序渐进地适应家庭医疗操作同样需要时间和耐心，让猫将医疗操作与积极的情绪联系起来，猫会欣然接受医疗操作，这对人猫和谐生活具有重要意义。

口服喂药操作应尽量先让猫适应接受口腔检查，具体操作见上文中体格检查适应性训练。在家进行皮下输液操作，对很多宠主来说存在很大的挑战性，毕竟涉及输液器的使用，医疗护理人员给予宠主相应的操作教育以及相关操作视频非常重要，可在医院里尝试学习操作。让猫适应相关操作时，在家里可以选择猫在休息的时候或者在人与猫互动的时候对猫的背部进行抚摸，然后尝试捏起猫的皮肤呈“帐篷式”（图 5-43），捏起、放下，猫并未抗拒时给予奖励，多次重复，让猫适应皮肤被捏起、放下。随后尝试使用消毒棉

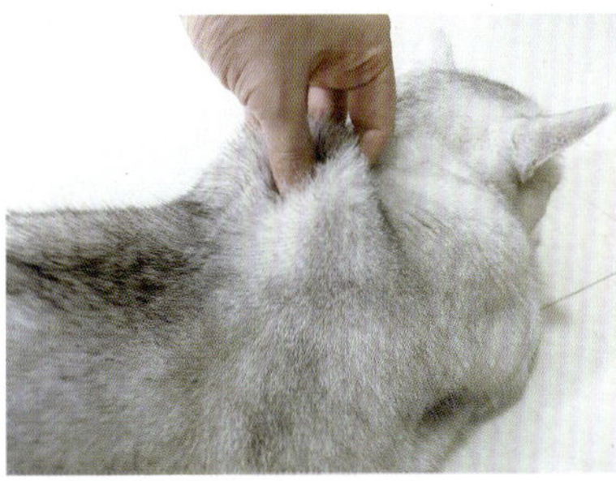

图 5-43　捏起猫背部的皮肤呈“帐篷式”

或消毒片（如洗必泰或75%酒精）涂抹皮肤，若猫冷静接受则给予奖励，若猫想躲避、离开，则停止操作，待猫再次放松后，重复抚摸动作或捏起放下皮肤的操作。猫能完全适应后再次尝试使用消毒棉或消毒片涂抹皮肤，猫表现平静接受时给予奖励。在皮下输液的时候，选择大号针头输液速度更快、时间更短，对没有耐性的猫来说会是比较好的选择。大号针头引起的痛感也强，对疼痛耐受度低的猫来说并非很好的选择，此时则考虑使用小号针头，在较长时间的输液过程中尽量安抚或者用食物进行奖励。正确的注射操作会减少疼痛。

第六章

猫不同生命阶段的需求与猫友好护理

猫的生长速度显然比人类快得多，但是一旦它们的身体和行为完全发育成熟，在往后的很多年里它们的外表变化都很小，通常看起来很年轻，但实际上很难通过外表来判断成年猫的年龄。在不同的年龄阶段，其生理状态、心理状态、行为举止以及对营养、环境、医疗等方面的需求各有不同。

第一节　猫不同的生命阶段

根据2021年美国动物医学协会（American Animal Hospital Association，AAHA）/美国猫科医师协会（American Association of Feline Practitioners，AAFP）共同制定和发布的《2021猫科动物生命阶段指南》（《2021 AAHA/AAFP Feline Life Stage Guideline》）的建议，猫的生命阶段可分为：幼年（出生到1岁）、青年（1～6岁）、中年（7～10岁），以及老年（10岁以上）（图6-1）。定义不同的生命阶段，可以让人更容易了解猫在不同生命阶段身体和行为发生的变化，并且可以根据猫所在的生命阶段给予能够满足该阶段各种需求（包括营养、环境、医疗等）及个性化的终身保健策略。

图6-1　猫不同生命阶段的划分

用年龄来划分猫的生命阶段是不够准确的，需要注意的是，不同的猫之间可能存在着显著的个体差异，有些10岁以上的老年猫依然保持着良好的身体状态，甚至接近中年猫的状态，而有些7岁的中年猫却有着老年猫的状态，不能仅根据年龄和生命阶段来判断猫的身体状况和需求。

把猫的年龄与人类的年龄联系起来，就能更容易理解应该如何管理猫的生活、健康与行为。有一种估算方法是将猫的年龄乘以 7 即可得出对应的人类年龄，但这非常粗略，更精准的方法是将猫 1 岁龄等同于人类的 15 岁，将 2 岁龄等同于人类的 24 岁，之后猫每增长 1 岁相当于人类增长 4 岁，表 6-1 是由 ISFM 提供的猫与对应人类年龄的估算表。

表 6-1 猫不同生命阶段的年龄划分

生命阶段	年龄	相当于人的年龄
幼猫阶段 出生到 1 岁	1 月龄	1 岁龄
	3 月龄	4 岁龄
	6 月龄	10 岁龄
	1 岁龄末	15 岁龄
青年猫阶段 1 ～ 6 岁	1 岁龄末	15 岁龄
	2 岁龄	24 岁龄
	3 岁龄	28 岁龄
	4 岁龄	32 岁龄
	6 岁龄	40 岁龄
成年猫阶段 7 ～ 10 岁	7 岁龄	44 岁龄
	8 岁龄	48 岁龄
	9 岁龄	52 岁龄
	10 岁龄	56 岁龄
老年猫阶段 >10 岁	11 岁龄	60 岁龄
	12 岁龄	64 岁龄
	13 岁龄	68 岁龄
	14 岁龄	72 岁龄
	15 岁龄	76 岁龄
	16 岁龄	80 岁龄

续表

生命阶段	年龄	相当于人的年龄
老年猫阶段 >10 岁	17 岁龄	84 岁龄
	18 岁龄	88 岁龄
	19 岁龄	92 岁龄
	20 岁龄	96 岁龄
	21 岁龄	100 岁龄
	25 岁龄	116 岁龄

第二节　猫各生命阶段的不同需求及猫友好护理要点

一、幼年猫

1. 幼猫的社会化训练

在传统的观念上，幼猫的社会化训练与疾病防控被视为是相互冲突的，虽然社会化训练可以防止猫出现行为上的问题，但在幼年阶段扩大其活动范围，这无疑会导致其暴露于疾病的风险更大。实际上，社会化训练与疾病防控并不是相互排斥的，充分且适当的社会化训练不仅从行为学角度来看是必要的，并且作为疾病防控的另一种手段也是十分重要的。

社会化是幼猫学会与周围的其他物种进行社交互动的过程。在家庭环境中，人、猫、犬是三个最常见的物种，当然还可以有更多的物种，猫也会从接触更广泛的物种中受益。在猫的生命早期，成功地引入不同的物种，有助于猫与这些物种建立积极的联系，并适应各种社会 / 社交环境。社会化过程中最重要的考虑因素是幼猫的情绪状态，因为它们必须处于积极的情绪状态才能成功地社会化。如果它们处于消极的情绪状态，就会形成消极的联想，变得敏感。如果幼猫无法与其他猫进行社交，可能会导致成年后与其他猫群的融合出现问题。这种现象带来的影响是多方面的，因攻击性行为发生率较高导致引发疾病的风险也随之增加，患传染病的风险也同样升高。幼猫不能与人和其他家养动物社交会导致恐惧、焦虑和沮丧等生理性应激，生理性应激反应又会使猫易患各种疾病，包括下泌尿道疾病、皮肤病或免疫抑制类疾病。

幼猫面临的主要挑战之一是学习如何成功地与人互动。在猫生命阶段最初的几周内，它们接触的人类数量以及它们接受的被操作/保定的频率和方式，都会影响猫能否与人类和谐生活（图 6-2）。此外，还应考虑幼猫父母的遗传因素以及在社交经历中母猫和同窝猫的实际存在等因素。与人类社交对猫来说具有重大的挑战，因为人与人之间是低频率但高强度的互动，而猫与猫之间则是高频率、低强度的互动，两个物种的社交形式、偏好截然不同。当人类很热情地与猫打招呼时总想上手抱起猫，但这样会让猫感觉受到了限制和束缚，失去了掌控感，无法采取回避的防御措施。特别是对于一些社会接触需求较少的猫来说，这样的社交互动会带来压抑感和挫败感。因此，要考虑到猫与人的互动可能会给猫造成压力，为猫提供与人充分且适当的社交互动。

图 6-2　幼猫在人类肩膀上玩耍

除了与人互动以外，帮助幼猫适应环境以及环境的变化也是很重要的部分，如果幼猫的生活环境一成不变，缺乏环境、视觉、听觉、嗅觉变化带来的刺激，这可能会导致它们在以后的生活中对家庭环境或物体产生不适的情绪反应。猫可能会产生一些孤僻行为或恐惧反应，抑或其他相关的行为问题，如室内喷尿进行尿液标记等。

幼猫社会化的黄金时期是 2 ～ 7 周龄，这个阶段是猫社会化发展最明显的时期，此时它们的恐惧程度较低，对接触新事物、新环境的信心很足，与其他猫或其他物种相处带来的益处最显著。除了通过增加不同的生活经验、经历来增加自信心之外，也别忘了自信心也与遗传相关。幼猫的父母会产生一定的影响，大胆的公猫可能会把大胆的性格特征遗传给后代，而母猫也会影响其后代的情绪行为，所以在育种时需要考虑此因素。每个猫的性格都不一样，胆小的猫进行社会化训练是很重要的，与不那么胆小的猫相比，胆小猫与人类的互动明显减少。在训练幼猫时，要使其保持积极的情绪状态才能成功。

多猫家庭中，幼猫与其他猫成员的社交很重要，猫成员之间良好的社交无疑是促进猫成员之间和谐相处的因素之一。猫是一种社会性动物，能够建立和维持社会互动，但与犬和人类不同，猫的生存并不依赖于社会接触。猫会自然而然地选择与亲戚生活在一起，与无血缘的猫一起生活会带来压力，社交可以减少这种压力和提高猫间的相互接受度，但适当的环境控制，允许猫控制和获取自己生活资源也很重要。在猫出生后到接种疫苗之前，猫与猫之间的互动可能仅限于母猫和同窝猫（图 6-3、图 6-4），与同窝猫玩耍对幼猫学习如何与其他猫沟通是非常重要的。

2. 幼年猫的医疗需求

预防医学的及时介入是幼猫时期最重要的疾病预防手段，按照建议时间进行疫苗的接种以及驱虫操作，可以有效预防传

图 6-3 同窝幼猫玩耍

图 6-4 幼猫与母猫靠在一起休息

染病的感染。了解幼猫的免疫驱虫史至关重要，特别是在幼猫回新家前。来自收容所的幼猫或流浪猫由于环境拥挤或资源匮乏，通常更容易患传染性疾病。无论幼猫的来源如何，幼猫到家度过适应期后，应尽早到宠物医院进行第一次体检。对于不同来源的幼猫，检查的侧重点可能有所不同，来自收容所的幼猫或流浪猫通常需要筛查传染性病原，包括但不限于 FIV、FeLV 等病毒，以及体外寄生虫和肠道寄生虫。幼猫的体检除了需要详细了解疫苗接种情况、驱虫史以外，还要了解其生活方式和生活史，以及饮食状况。了解家中其他的猫或犬的情况、宠主与猫的互动模式。如果是多猫或多宠家庭，需要进一步了解家庭中重要生活资源的数量和分布。

体格检查方面，需要重点评估猫的营养状况、被毛状态、大小便的情况。幼猫的上呼吸道疾病、胃肠道疾病、体外和肠道寄生虫疾病、皮肤真菌感染等较为常见，如果病史调查或体格检查中发现相应病征，则需要进行筛查。关注品种相关疾病的易感性，关注心脏杂音、疝气、腭裂等先天性疾病。

幼猫阶段是猫社会化训练的重要时期，接受体检时需要详细了解幼猫是不是孤儿或社交不足，询问宠主幼猫是否出现问题行为。向宠主推荐正向鼓励的方式训练幼猫或改善猫的行为。

仔细观察幼猫的行为，记录其性格、活动状态、行为偏好及喜欢与人接触的方式。

二、青年猫和成年猫

青年猫不需要像幼猫一样频繁进行常规医疗护理，猫的健康状况通常较为稳定，教育宠主进行家庭护理和定期进行医疗检查。应教育宠主了解猫的日常生活和行为上的微小变化，以便及时发现潜在的问题，每年一次的常规体检有助于及早发现疾病并便于早期治疗。

猫在 7 岁以后开始步入成年期，一些慢性疾病可能会逐渐增多，此阶段是对慢性疾病早期筛查的重点阶段，猫可能会同时患多种疾病或合并症，包括慢性肾病、内分泌疾病、骨关节病和肿瘤等，在家庭护理中需要对猫生活和行为上的细节仔细进行观察，以便于及时发现问题，至少每年一次的常规体检也是非常有必要的。

三、老年猫

随着生活水平的提高和医疗护理的进步，现在的猫寿命越来越长，10 岁以上的老年猫越来越多，甚至经常出现超过 20 岁的猫。随着年龄的增长，猫的身体、行为都发生许多变化，它们的嗅觉、味觉、听觉可能会下降，对食物的消化吸收能力也会下降，免疫系统功能、抗压能力也同样会下降。老年猫通常不太活跃，睡眠时间也较长，它们的食欲可能会下降或者变得挑食，不太热衷于玩耍或者会减少理毛，它们往往会变得更加没有安全感，更加依赖人（图 6-5、图 6-6）。一些行为上的变化可能是疾病的直接表现，例如猫经常嚎叫，可能是因为出现甲状腺功能亢进。一些被认为是衰老导致的变化可能也是疾病引

图 6-5　老年猫可能会变得更加“黏人”

图 6-6　老年猫在住院时更加依赖人

起的，例如不爱活动、一直睡觉，可能是因为退行性关节病导致疼痛而不愿意走动。所以无论在家庭护理还是在医疗环节中都需要给予更多的关注，特别是兽医应花更多的时间进行宠主教育，让宠主知道在家如何观察猫的一些疾病的早期变化，对猫的情绪、疼痛、行为、需求等都需要有全面的了解。

1. 老年猫的家庭护理需求

此生命阶段的猫比其他时候更需要基本的生活护理，随着年龄的增长，它们可能更难进行自我清洁、理毛，常见的退行性关节病带来的疼痛和行动不便也使它们如厕习惯发生改变，一些常见的老年疾病也困扰着它们，所以要经常给老年猫梳毛、清洁脸部、对爪部进行护理等。长毛猫的脚底毛过长的可以进行修剪（图 6-7），以减少走路打滑的情况，长毛猫的肛门周围、尾巴下方和后腿的毛也可以适度修剪，避免弄脏和产生毛结。在梳毛时要选择软毛刷或者其他较为柔软的梳子，动作要轻柔，因为老年猫通常较消瘦，过于用力梳毛会导致疼痛，此时可以检查毛的质

图 6-7　脚底毛过长

量、身上是否存在肿块、溃疡等需要关注的情况。老年猫通常不太灵活，难以自行对后躯或脊柱后部理毛，给猫梳毛时可以对这些区域重点关注，但这些区域也最易在梳毛时产生疼痛，所以护理时要多加注意，以免增加猫的疼痛。

图 6-8　使用增高食盆方便猫进食

图 6-9　猫使用增高食盆进食可减少低头的幅度

老年猫更加容易脱水，尤其患有慢性肾病或者糖尿病的猫，要确保家里供猫饮水的区域有各种水碗并且水源新鲜、充足，猫喜欢在远离进食地点的地方饮水，可以在多个区域放置水碗，让猫随时可以饮用。而进食方面，老年猫可能也会变得挑食或者食欲下降，因为它们的嗅觉和味觉都会减弱，轻度加热的食物可以增加适口性，抬高食盆也可以让患有颈部骨关节病的老猫吃得更加舒适（图 6-8、图 6-9），可使用增高食盆或者在食盆底下垫个盒子。对于牙齿有问题的猫，可能无法咀嚼干粮，可以尝试在干粮中加水泡软后喂食，或换成湿粮，但要注意湿粮放置超过一小时容易腐败。有些老年猫在宠主的陪伴和安抚下，食欲会明显增加，甚至用手喂食时食量会增加。

家庭环境的微小调整会对

老年猫的生活质量有很大的影响。例如，当发现猫在上楼梯时没有以前利索，或在某一级台阶上待很久时（图6-10），可将猫的生活资源尽量都安排在同一楼层、同一平面，那么猫就无须爬上爬下获取生活资源了。同样地，如果发现猫不想跳跃或者跳跃前需要思考很久，可以为它搭建台阶或坡道以减少跳跃（图6-11），一个小矮凳或者几个盒子就可以达到效果。特别是猫之前选择休息和睡觉的地方是高处，但年龄大了不太灵活，跳到高处休息就变得困难，会有挫败感，增加容易通往目的地的路径，会让老年猫感到得心应手。年纪大的猫可能不太喜欢使用垂直的猫抓板，因为可能会增加关节的疼痛，可改用水平面的猫抓板（图6-12），让猫依然能表达抓挠的行为。另外，猫砂盆

图6-10　老年猫下楼梯

图6-11　床边放置小斜坡让老年猫更容易去到休息区

的优化也是环境改变的重点之一，老年猫可能因为关节疼痛而不愿多走动，所以猫砂盆要安排在易于进入的区域。如果猫砂盆高度较高，猫需要抬脚较高甚至需要爬上去才能使用的，此时要选择一些门槛较低的猫砂盆，也可以在猫砂盆入口处增加缓坡，让猫更加容易进入（图 6-13）。

图 6-12　老年猫使用水平的猫抓板

图 6-13　老年猫猫砂盆的优化

老年猫的情绪也需要多加关注，它们可能因为疼痛、认知障碍或者其他疾病的困扰，对熟悉的生活环境感到有压力甚至焦虑和恐惧。无法轻易去到休息的区域、迷失方向时会感到非常沮丧，疼痛带来的负面情绪会让其容易焦躁、不想互动或更想寻求关注、更加依赖宠主。情绪的变化会带来不同的行为改变，猫可能会变得讨厌互动、抗拒被触碰和抱起，强行互动会导致猫反感，无法逃离会导致猫的沮丧；或者相反，有些猫可能缺乏安全感而寻求更多的关注，缺乏足够的关注会导致猫沮丧。

2. 老年猫疾病的早期识别

年纪大的猫行为和生活习惯上可能出现明显的改变，有些变化难以区分其诱因是衰老还是疾病，例如活动力下降通常会被认为是衰老的迹象，但也可能是因为退行性关节病带来的疼痛，进行疼痛管理后，可以看到猫会恢复活力甚至更加活泼、开心、情绪高涨地玩耍。通过问卷可以帮助宠主判断猫是否有退行性关节病相关的疼痛（表 6-2）。

表 6-2　检测退行性关节病相关疼痛的问卷

问题	有	无
您的猫爬上楼梯时有兔子跳、双后肢同时跳，或需要歇一会儿再爬上去吗？		
您的猫下楼梯时有身体靠楼梯边，逐级下楼梯，或需要歇一会儿再下去吗？		
您的猫跳上去时，跳之前会犹豫，在一次跳跃中动作不利索和 / 或用前肢把身体拉上去吗？		
您的猫跳下去时，跳之前会犹豫，分几次小跳而不是一跳就下去，会往下伸手而不是直接跳下去吗？		
您的猫奔跑时是慢速移动且慢跑与走路交替，或后腿夹腿吗？		
您的猫追逐移动物体玩耍时会比之前慢或者休息间歇增多吗？		
您觉得您的猫在靠近尾巴处的骨架看起来更薄吗？		

患有退行性关节病的猫，除观察到活力下降外也会观察到它对自己的清洁能力明显下降，毛发容易有毛结、看起来比较凌乱（图 6-14），爪部趾甲过长过厚（图 6-15），甚至变得不喜欢被抚摸、触碰掌部腕关节可能会抗拒、触摸肘关节和跗关节会觉得关节膨大。

其他常见老年疾病的症状也需要多加关注，例如是否存在口臭、流涎增多、前肢经常很脏、进食时甩头甚至用前肢很大

图 6-14　老年猫的被毛看起来很凌乱

图 6-15　老年猫趾甲过长过厚

力地拨弄嘴巴、食欲下降，这些都提示可能存在口腔疾病；也要留意体重明显下降、消瘦、饮水量增多和尿量增多等慢性肾病、糖尿病等疾病的症状；留意眼睛的外观是否有异常改变，如图 6-16 中的老年猫，其右眼晶状体变白；也要重点关注猫的排便是否正常，因为老年猫常会发生便秘，及早发现可以早期管理轻度的便秘，避免拖延导致严重便秘或者巨结肠。

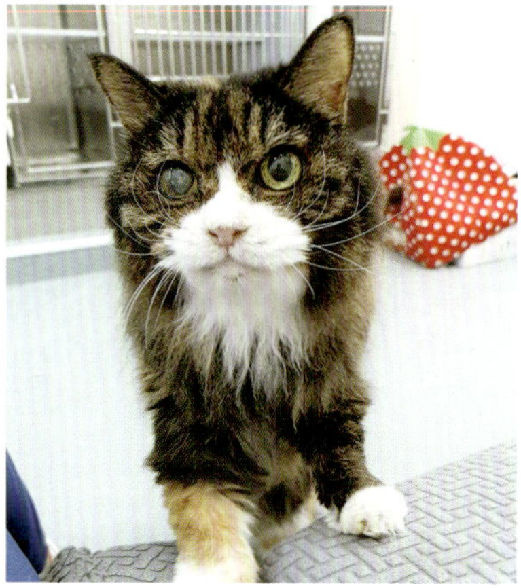

图 6-16　老年猫眼部发生病变

老年猫的认知功能障碍经常被忽视，认知功能障碍的猫可能会出现过度叫唤、互动改变、睡眠周期改变、在家乱排泄、迷失方向、活动力改变、焦虑。可以利用问卷帮助宠主判断猫是否存在潜在认知功能障碍（表 6-3）。

表 6-3　潜在认知功能障碍调查问卷

问题	回答
猫是否表现出跛行？	
最后一次看到您的猫伸懒腰打哈欠是什么时候？	
您的猫是否有在猫砂盆以外的地方大小便？	
您的猫与室友的互动发生了怎样的变化？	
您的猫比以前更加冷漠或更加依附你吗？	
您的猫会不断喵喵叫或者无缘无故地嚎叫吗？	
您的猫理毛和睡眠习惯有改变吗？	
您的猫进食和饮水习惯有改变吗？	
您的猫愿意玩耍或者捕猎吗？	
您的猫会表现出困惑、健忘或沮丧吗？多久一次？	

3. 老年猫的医疗护理需求

定期进行健康检查，有助于在早期发现疾病，老年猫的健康检查推荐每半年一次，如果是 15 岁以上的高龄猫考虑每 4 个月检查一次，患有慢性疾病的老猫可能需要更为频繁的就诊。对于老年猫来说，水合状态的评估非常重要，但其会因为皮下脂肪与组织弹性的衰减而影响皮肤弹性结果的判定，此时检测黏膜水分可能更能准确评估其水合状态。体况评分和肌肉评分是重要的评估项目，还要注意皮肤、趾甲和毛发的评估，很多老年猫有趾甲过长过厚，甚至出现嵌入爪垫肉内的情况，需要及时发现和修剪。要注意观察是否存在骨关节炎相关症状，例如肘关节、膝关节、跗关节是否有膨大，评估各个关节的活动幅度，触诊脊椎后侧是否有躲避或疼痛表现等。仔细检查口鼻，观察牙齿、牙龈、咽部、舌面、舌下、颚面，记录异常的牙齿和牙齿缺失情况，触诊下颌淋巴结区域及颈部。对眼部进行详细的检查，包括眼睑、结膜、前房、晶状体、虹膜等，还要评估眼底情况，老年常见的病变包括晶状体硬化、白内障、虹膜黑色素沉着、泪液生成改变等。胸部听诊也同样重要，确定心率、呼吸频率、心音与脉搏的关系、是否存在心音异常、是否有心杂音和奔马律，及肺部呼吸音听诊是否存在异常。腹部触诊时要轻柔触诊，留意是否存在肿块。会阴部也需要视诊，观察是否存在疾病相关提示，如尿道口毛发很脏、肛门腺肿胀等。

尤其是 10 岁以上的老年猫，需要特别关注血压的检查，每次体检都需要在猫冷静状态下进行血压的测量，及时发现病理性高血压的存在，多次重复测量和猫友好环境与互动可以减少情景性高血压。除此之外，每次体检建议做一些基础检查，包括血常规、生化、尿液检查、影像学检查，以了解患猫肝脏、肾脏、甲状腺功能等健康状况，表 6-4 为建议的老年猫检查项目。

表 6-4　老年猫检查项目

基础检查	辅助检查
血常规 HCT、RBC、WBC、PLT 分类计数，血涂片检查	FeLV/FIV 筛查、FPV 抗体检测
血液生化 CREA、BUN、PHOS、Ca、TP、ALB、GLOB、ALT、ALKP、TBIL、GGT、GLU、K、Na、Cl	SDMA、FRU、fpL、NT-proBNP、钴胺素 / 叶酸浓度、iCa
尿液检查 比重、尿沉渣细胞学、尿糖、尿酮、尿胆红素、尿蛋白、UPC、尿 pH 值	尿液培养、药敏
总甲状腺素	游离 T4、TSH
血压	心电图
腹部超声	心动超声
胸腔 X 线片	骨关节 X 线片

表 6-5 及表 6-6 根据 2021 年 AAHA/AAFP 猫生命阶段指南稍微改动，总结了猫每个生命阶段需要重点关注的检查内容。

表 6-5　各年龄阶段猫需要进行的检查及关注重点

	幼猫阶段（0 ~ 1 岁龄）	青年猫阶段（1 ~ 6 岁龄）	成年猫阶段（7 ~ 10 岁龄）	老年猫阶段（>10 岁龄）
一般性建议	至少每年接受一次兽医检查			至少每半年接受一次兽医检查
	宠主教育：			
	关注与行为、疾病、疼痛和焦虑有关的细微变化 预防医学和适用猫包的重要性 消毒的方式 猫正常的行为及如何发现猫行为的改变 如何避免突发状况 爪子的护理、磨爪行为的管理			

续表

<table>
<tr><th></th><th>幼猫阶段
（0 ~ 1 岁龄）</th><th>青年猫阶段
（1 ~ 6 岁龄）</th><th>成年猫阶段
（7 ~ 10 岁龄）</th><th>老年猫阶段
（>10 岁龄）</th></tr>
<tr><td>一般性建议</td><td colspan="4">喷尿标记行为
介绍宠物保险
调查病史、手术史及用药史（膳食补充剂）
评估猫的性格、脾气
评估猫的行为喜好（选择适合的体格检查方式）
询问日常进食及饮水情况并与宠主讨论
评估猫的生活质量
关注并熟悉各个品种猫的特征</td></tr>
<tr><td>病史调查</td><td colspan="4">关注特定品种的易患疾病和先天性、遗传性疾病
关注呕吐、吐毛球及腹泻情况
关注食欲和水合状态
关注理毛行为是否改变
关注是否发生多尿、多饮、呕吐及腹泻
关注行为是否改变
关注是否夜间活动增加及夜间发声
讨论猫是否出现认知下降的早期迹象
关注运动能力是否改变
关注视觉是否改变
询问是否观察到有肿物</td></tr>
<tr><td rowspan="2">体格检查时需额外关注部分</td><td>关注先天性、遗传性疾病（心杂音、疝气），关注牙齿情况
关注是否患传染性疾病</td><td>重点进行心脏、呼吸系统和皮肤的检查
重点进行口腔检查，检查是否有牙周疾病和牙吸收</td><td colspan="2">重点进行口腔、腹部、眼科（眼底检查）、心脏、呼吸系统及肌肉骨骼系统检查
关注甲状腺和肾脏触诊结果
进行全面的疼痛水平评估</td></tr>
<tr><td colspan="4">记录体重、BCS 和 MCS
记录猫背部和侧面外观
仔细观察猫的行为是否发生改变
记录猫偏爱的猫友好保定方式</td></tr>
</table>

续表

<table>
<tr><th></th><th>幼猫阶段
（0～1 岁龄）</th><th>青年猫阶段
（1～6 岁龄）</th><th>成年猫阶段
（7～10 岁龄）</th><th>老年猫阶段
（>10 岁龄）</th></tr>
<tr><td rowspan="2">营养及体重管理</td><td>向宠主了解猫的食物结构、喂食量、进食量及喂食频率
向宠主推荐适合的食物
向宠主推荐觅食玩具</td><td>关注体重是否增加
判断是否有患糖尿病的风险
丰富猫生活、游戏及运动环境</td><td colspan="2">关注体重是否降低或增加
判断是否患与食欲或体重改变相关的疾病
推荐适合的治疗性饮食</td></tr>
<tr><td colspan="4">计算猫理想的 BCS 和 MCS</td></tr>
<tr><td rowspan="2">口腔健康管理</td><td>向宠主介绍如何令猫适应触碰嘴部、刷牙及擦拭牙齿的操作
检查是否有咬合不全或其他牙齿问题</td><td>需要时向宠主推荐牙齿保健膳食</td><td colspan="2">重点关注口腔肿瘤、难以进食及牙齿疼痛</td></tr>
<tr><td colspan="4">定期进行详细的口腔检查；向宠主介绍易患的口腔疾病、口腔保健方法、口腔疾病的预防方式
向宠主强调在家中为猫刷牙或擦拭牙齿的重要性</td></tr>
<tr><td>行为及环境</td><td>在猫社会化阶段带猫与更多的人和其他宠物接触
带猫适应保定、刷牙、修剪指甲、梳洗及口服喂药等操作
带猫适应转运箱及兽医院就诊
劝告宠主避免将自己的手和脚作为玩具给幼猫玩耍，避免猫未来产生侵袭性的行为</td><td>关注猫与其他的猫之间的接触是否减少
关注猫与其他猫或猫与人之间的关系是否改变
鼓励宠主通过轻柔的操作使猫适应人触碰其嘴、耳及脚</td><td colspan="2">为猫提供质量好且方便使用的猫砂盆、温暖柔软的床、温热且软和的食物及充足洁净的饮水
和宠主沟通，猫行为上的改变并不是仅仅因为衰老
关注猫的认知功能</td></tr>
</table>

续表

	幼猫阶段（0 ~ 1 岁龄）	青年猫阶段（1 ~ 6 岁龄）	成年猫阶段（7 ~ 10 岁龄）	老年猫阶段（>10 岁龄）
行为及环境	建议宠主通过正向鼓励的方式教幼猫回应宠主“过来”“坐下”等口令			
行为及环境	确保猫砂盆、猫床、食物及饮水的数量足够、分布合理、位置适宜 询问猫的生活习惯，是否有狩猎习惯，家中是否有小朋友及其他宠物 向宠主了解与猫同住的其他猫的情况及它们的关系 向宠主了解猫是否有行为问题及行为上的改变 向宠主了解家中的玩具、猫抓板、休息处是否满足家中猫的需求 与宠主探讨如何管理其不希望看到的行为，鼓励宠主通过正向鼓励的方式改变这些行为			
便溺管理	向宠主介绍猫砂盆的安置、清扫方式及正常的便溺行为 建议宠主为猫提供无香味、易结块的猫砂，提供几种不同类型的猫砂供其选择	评估猫砂盆的尺寸（长度和宽度）是否与猫的体型匹配	向宠主确认猫砂盆放置的位置猫容易到达 向宠主确认猫砂盆的尺寸（长度和宽度）、放置的位置及清扫方式满足猫的需求	
便溺管理	向宠主了解猫的便溺习惯 向宠主了解猫是否曾在猫砂盆外排尿或排便 向宠主介绍如何区分正常的便溺和标记行为 向宠主介绍如何管理猫砂盆（数量、尺寸、摆放位置、猫砂类型及如何清扫） 向宠主介绍如何评估排便姿势及猫砂团的大小			
驱虫管理	根据猫的生活方式、生活区域及旅行史确定易感的寄生虫类型 向宠主说明完全室内生活的猫也有感染寄生虫的可能 向宠主推荐针对心丝虫、肠道寄生虫、跳蚤的药物，为猫制定年度驱虫计划 向宠主了解猫是否有感染蜱虫的风险后推荐合适的药物 适时进行粪便检查 与宠主讨论及规避动物传染病风险			

续表

	幼猫阶段（0 ~ 1 岁龄）	青年猫阶段（1 ~ 6 岁龄）	成年猫阶段（7 ~ 10 岁龄）	老年猫阶段（>10 岁龄）
疫苗接种	FCV、FHV-1、FPV、狂犬疫苗作为核心疫苗；FCV、FHV-1 及 FPV 在猫 6 月龄时再次接种		FCV、FHV-1、FPV、狂犬疫苗作为核心疫苗；幼猫完成最后一剂接种后 12 个月再次进行接种，并为相关疾病易患风险高的猫每年再次接种	根据老年猫的健康情况详细评估其是否需要接种疫苗；若需要，FCV、FHV-1、FPV、狂犬疫苗作为核心疫苗
疫苗接种	支原体及支气管败血波氏杆菌疫苗作为非核心疫苗补充接种			

表 6-6　不同生命阶段的猫的实验室检查推荐指标

检查项目	幼猫阶段（0 ~ 1 岁龄）	青年猫阶段（1 ~ 6 岁龄）	成年猫阶段（7 ~ 10 岁龄）	老年猫阶段（>10 岁龄）
全血细胞计数：血细胞比容，红细胞，白细胞，血细胞分类计数，细胞学，血小板		+	++	+++
血液生化检查指标：总蛋白，白蛋白，球蛋白，碱性磷酸酶，丙氨酸转氨酶，总胆红素，葡萄糖，尿素氮，肌酐，钾离子，磷离子，钠离子，钙离子		+	++	+++
尿液分析：尿比重，尿沉渣，葡萄糖，尿酮，胆红素，尿蛋白		+	++	+++
尿蛋白 / 肌酐比			++	++
T4		+	++	+++

续表

检查项目	幼猫阶段（0 ~ 1 岁龄）	青年猫阶段（1 ~ 6 岁龄）	成年猫阶段（7 ~ 10 岁龄）	老年猫阶段（>10 岁龄）
对称性二甲基精氨酸及其他肾脏指标		+	++	+++
血压		+	++	+++
逆转录病毒	+++	+	+	+
粪便检查	+++	+	+	+
腹部超声	+	+	++	+++
超声心动图	+		+	++
X 线片（骨关节、胸腔）			+	++
检测频率	检测基础水平 需要时再次检测	检测基础水平 需要时再次检测	1 ～ 2 年检测一次	至少每年检测一次 （建议每半年检测一次）

注：+ 表示根据动物的情况进行检测；++ 表示建议检测；+++ 表示特别建议检测。

参考文献

[1] Trudi Atkinson. 猫应用行为学 [M]. 任阳，李智华，译．北京：中国农业科学技术出版社，2022.

[2] Linda P Case. 犬猫营养学 [M]. 陈江楠，许佳，夏兆飞，译．济南：山东科学技术出版社，2020.

[3] Bessant C, Dowgray N, Ellis S L,et al. ISFM'S Cat Friendly Principles for Veterinary Professionals [J]. Journal of Feline Medicine and Surgery,2022, 24(11): 1087-1092.

[4] Brunt J E. Introduction: it's all about the cat: what, why and how [J]. Topics in Companion Animal Medicine, 2010, 25(4) :177.

[5] Cline M G, Burns K M, Coe J B,et al. 2021 AAHA Nutrition and Weight Management Guidelines for Dogs and Cats [J]. Journal American Animal Hospital Association, 2021, 57(4): 153-178.

[6] Cockcroft P D. Clinical reasoning and decision analysis [J]. Veterinary Clinics of North America Small Animal Practice, 2007, 37(3): 499-520.

[7] Petra erná, Gardiner H , Sordo L ,et al.Potential Causes of Increased Vocalisation in Elderly Cats with Cognitive Dysfunction Syndrome as Assessed by Their Owners[J]. Animals : an Open Access Journal from MDPI, 2020, 10(6): 1092.

[8] Dowgray N, Comerford E. Feline musculoskeletal ageing: How are we diagnosing and treating musculoskeletal impairment? [J]. Journal of Feline Medicine and Surgery, 2020, 22(11): 1069-1083.

[9] Ellis S L, Rodan I, Carney H C, et al. AAFP and ISFM feline environmental needs guidelines [J]. Journal of Feline Medicine and Surgery, 2013, 15(3): 219-230.

[10] Ellis S L. Recognising and assessing feline emotions during the consultation: History,

body language and behaviour [J]. Journal of Feline Medicine and Surgery, 2018, 20(5): 445-456.

[11] Ellis S L. Environmental enrichment: practical strategies for improving feline welfare [J]. Journal of Feline Medicine and Surgery, 2009, 11(11): 901-912.

[12] Gunn-Moore D A. Cognitive dysfunction in cats: clinical assessment and management [J]. Topics in Companion Animal Medicine, 2011, 26(1): 17-24.

[13] Heath S. Feline Behavioural Medicine – An Important Veterinary Discipline [J]. Advances in Small Animal Care, 2022, 3(1): 13-22.

[14] Horwitz D F, Rodan I. Behavioral awareness in the feline consultation: Understanding physical and emotional health [J]. Journal of Feline Medicine and Surgery,2018, 20(5): 423-436.

[15] Miele A, Sordo L, Gunn-Moore D A. Feline Aging: Promoting Physiologic and Emotional Well-Being. [J] Veterinary Clinics of North America Small Animal Practice, 2020, 50(4): 719-748.

[16] Quimby J , Gowland S , Carney H C ,et al.2021 AAHA/AAFP Feline Life Stage Guidelines:[J].Journal of Feline Medicine and Surgery, 2021, 23(8): NP3-NP3.

[17] Rodan I, Dowgray N, Carney H C,et al. 2022 AAFP/ISFM Cat Friendly Veterinary Interaction Guidelines: Approach and Handling Techniques [J]. Journal of Feline Medicine and Surgery, 2022, 24(11): 1093-1132.

[18] Ray M, Carney H C, Boynton B, et al. 2021 AAFP FelineSenior Care Guidelines[J]. Journal of Feline Medicine and Surgery, 2021, 23(7): 613-638.

[19] Ryan S , Bacon H , Endenburg N ,et al.WSAVA Animal Welfare Guidelines[J]. Journal of Small Animal Practice, 2019, 60(5): E1-E46.

[20] Freeman L , Becvarova I , Cave N ,et al.WSAVA Nutritional Assessment Guidelines[J].Journal of the South African Veterinary Association-tydskrif Van Die Suid-afrikaanse Veterinere Vereniging, 2012, 13(7): 516-525.